新版

集合と位相

そのまま使える 答えの書き方

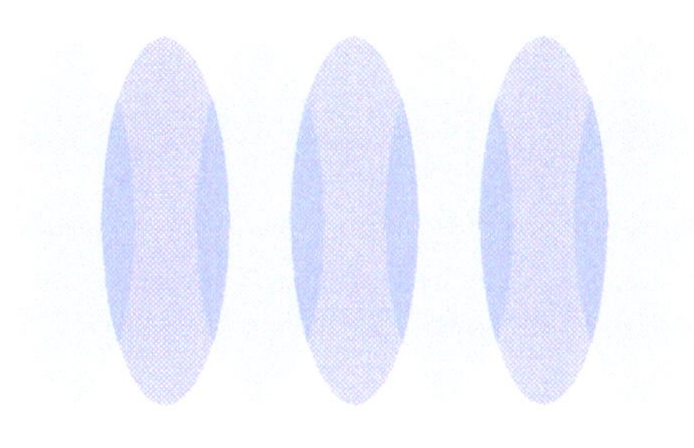

[監修]
一樂重雄

講談社

新版発行にあたって

本書は，旧版『集合と位相　そのまま使える答えの書き方』(2001 年刊行）を，主として「よりわかりやすく」との観点から全面的に見直したものである．

旧版は，当時私のゼミ生であった学生諸君の原稿から出発したものであった．そこでは，学生の目線による解釈が大きな特長となった．今回の改訂にあたっては，その特長を失わずに，全体としてわかりやすく，かつ，有用性を増すことを心がけた．

変更点は，全体の細部に及ぶが，主な点は次のとおりである．

まず，第 0 章として論理の章を追加した．現代的な数学への入門書としての役割を果たせるようにとの狙いからである．もう 1 つは，近傍の概念を前面に出したことである．現在の位相空間論の教科書は，通常，開集合の概念を理論展開の出発点とするが，その抽象性が初学者の理解を難しくするとの観点から，近傍との関係を強調し，言葉による説明も加えた．

本書が数学科の学生の皆さんをはじめとして，位相空間論をマスターしたい人にとって数学理解の助けとなることを心から願っている．

本書は，旧版の存在なくしては生まれなかったものであり，旧版の最初の原稿を書いてくれた 6 名の各氏に改めて感謝の意を表する．また，明治大学の学生である角田淳君からは新版の原稿の一部について貴重な意見を頂いた．ここに感謝の意を表する．

2016 年 3 月

一樂重雄

まえがき（旧版序文）

本書の姉妹書のうちの１点め，「微積分と集合 そのまま使える答えの書き方」の広告を目にしたとき，私は早合点をして，ついに丸暗記を薦める参考書が出現したかと思った．しかし，中身を見てみると，ささいなことだと後になればわかることが多いのだが，初学者がつまずくような点についてくわしく説明されていて，大学の数学に違和感を覚えている新入生の味方になるものだと気がついた．その後，編集者から「位相」について，学生のつまずくところなどがよくわかっている先生を紹介してほしいといわれたとき，つい「それなら私です」と答えてしまった．集合と位相の講義は何度もした経験があるし，学生がなかなか理解しにくいものであることもよく承知していたので，私もやってみたいと思ったのである．

そして，この執筆のために，学生諸君に「集合と位相の講義で難しいと思うところは何か」などを尋ねたりしていたのだが，ある日，はっと気がついた．それは，集合と位相を苦労して学んだばかりの学生自身に原稿を書いてもらえばよいのではないかということだった．よくよく見れば，前出の本も以前に先輩から後輩へと受け継がれていたノートをもとにまとめられたとあるではないか．日本の教育について現実との関わりが薄い傾向があるのではないかと考えていたこともあって，すぐに私のゼミの学生にお願いしたところ，やってみましょう，ということで話はすぐにまとまった．

実際，このアイディアはとてもよかったのではないかと思っている．やはり，私が学生たちのつまずくであろうところを理解しているつもりでいても，学生が提出してくる原稿を見れば，なるほど，このようなことを注意しておかないといけないのか，ああ，こんな風にくわしく書けばわかりやすいな，といった感じで，発見したり感心したりしたところが多々あったからである．また，原稿がある程度集まってくると，ほとんど手を入れる必要のないものから，学生が陥りやすい間違いをそのまま示してくれたようなものまで実にさまざまで，それを検討していくことは，教える側教わる側双方にとって，大変プラスになった．そのようないろいろな学生諸君の原稿をもとに，私が間違いを訂正し，足りないところには手を加えて，現在の形となった．私が日ごろ感じている数学を学ぶ際に押さえておかなければならないポイントも，「注意」や「コメント」といった形で述べた．

何事もある程度の慣れが必要なもので，数学がいかに論理的であっても，やはり経験がものをいうこともある．それらを先輩から後輩へ伝えるというこの一連の書籍の趣旨を体現できたか，それは読者が判断することである．私としては，かなりうまくいったのではないかと思っている．通常の本や講義では述べきれないこともかなり書くことができた．

もちろん，集合と位相の内容の全部をカバーしているわけではない．数学の勉強は，そのやり方がのみ込めるまでが，「ひと勝負」であり，いったん，勉強のしかたがわかれば，講義や通常のテキストによって，楽々とまではいえないまでも，なんとか勉強できるようになる．はじめの「ひと勝負」への応援として，基本的な連結やコンパクトを中心に本書をまとめてみた次第である．

本書を作成するにあたって，TeX 入力においては，執筆者一同のほかに，葛西三知子氏に多大なご協力をお願いした．また，講談社サイエンティフィクの担当者は，編集者として実に熱心に仕事にあたってくださった．ここに記して感謝の意を表したい．

位相をはじめて学ぶときには，あまりの抽象性にとまどう人が多いと思う．本書がそのような人たちの役に立つことを願っている．

2001 年 3 月

一樂重雄

旧版執筆者一覧

一樂 重雄

石本　良
津川 広行
村川 健一
原（山岸） 茜
山本 浩二
渡部 厚史

記号法など

数学の記号，記法には1つの決まったものがあるわけではないが，よく使われるものはだいたい数種類に限られている．基本的な記号に限って，対照表を与えておこう．

本書の中でも混在しているものもあるが，基本的に本書で用いたものを最初に，ほかでもよく見かけるものを後にあげてある．

便宜的な一覧なので，あくまで本書を使ううえでの参考と考えてほしい．

本書の記述	よく使われる記述
定義	Def.　def　Definition
定理	Th.　Theorem
命題	Prop.　Proposition
真理値表	真理表　真偽値表
任意の　$\forall$	for all
存在する　$\exists$	there exists
必要十分　同値である　$\Longleftrightarrow$	if and only if
変数を含む命題	命題関数
$\square$	q.e.d.　Q.E.D　証明終わり　//
$\{\ \mid \sim\}$	$\{\ : \sim\}$
$\leq$	$\leqq$
$\geq$	$\geqq$
$\subset$	$\subseteq$ $\subseteqq$
$\supset$	$\supseteq$ $\supseteqq$
$\emptyset$	空集合　ϕ
和集合　$\cup$	union　合併

本書の記述	よく使われる記述
共通部分　$\cap$	intersection　積集合
写像	map　mapping
像	image
始集合	定義域
終集合　着域	値域
全射	surj.　surjection　onto　上への写像
単射	inj.　injection　1 to 1　1 対 1 写像
全単射	bij.　bijection　1 対 1
連続	contin.
$a_i, i \in \mathbb{N}$	$\{a_n\}$　$a_i, i = 1, 2, 3, \cdots$　$a_1, a_2, a_3, \cdots$
$a_i \to \alpha$	$\lim_{i\to\infty} a_i = \alpha$　$a_i \to \alpha, (i \to \infty)$
ユークリッド空間	Euclidean space
距離	metric
距離空間	metric sp. metric space
位相空間	top.sp. topological space
連結	conn. connected

目　次

第 0 章
論理

0.1　日常の論理と数学の論理

論理とはものごとを筋道立てて考えてゆく思考，あるいは，その方法のことであり，人間の生活全般に渡って必要なものである．数学における論理と日常生活における論理は本質的に異なっているわけではないのだが，微妙な違いがある．その違いを理解しておくことは「数学する」うえにおいて大切である．

日常会話における論理では，暗黙のうちのお互いの了解というものがあり，極端な場合には文字に書いてしまうと同じでも，状況や発音の仕方によってまったく異なる意味になることもある．たとえば，「結構です」といった場合，状況によって「それで結構です，ありがとう」を意味する場合もあるし，「いいえ，そんなことして頂かなくて結構です」の場合もある．このように言葉そのものが省略されている場合もあるし，「裏」の意味がある場合もある．

ある主張「かくかくしかじか，ならば，こうである」という場合，「かくかくしかじか」が仮定であり，「こうである」が結論である．このとき，「かくかくしかじかでない，ならば，こうではない」が，「裏」の主張である．日常会話においては，裏の意味を含む場合も含まない場合もある．次の例は，「裏」の意味を含む場合である．

例 0.1　「ここのところ風邪が流行っているようだが，明日，欠席者が 5 人以内なら数学の試験をする」と先生がいった．

このとき，A 君は欠席者を予想して，どうみても明日の欠席者が 6 人以上出ると思ったので，数学の試験のための勉強をせずに学校へ行った．案の定，欠席者は 7 名もいたので試験はないと思っていたところ，数学の先生はまったく当たり前の顔で「さて，試験をします」といった．もちろん，A 君を含めて生徒の大多数が「先生，昨日いったことと矛盾しているじゃないですか！」と抗議した．ところが，先生は「昨日は，『欠席者が5人以内なら数学の試験をする』といっただけで，今日は『欠席者が5人以内でない』のだから，今日試験をしても全然矛盾していない」というのであった．これは，どうだろう．先生は「屁理屈」をいっているといわれ，教室の人気はがた落ち，父兄にもどなり込まれるかも知れない．しかし，「数学の論理」で考えるならば，先生の主張はまったく正しい．この場合「いってないことについては，責任がない」ということなのである．欠席者が5人より多い場合のことについては，確かに何もいっていない．だから，この場合，試験をしてもしなくても，どちらでも自分のいったことに矛盾しているわけではないのである．

数学の論理では，「何か意味のある言明や記述」を命題という．正確には，それが「成り立つ（真）」か「成り立たない（偽）」かのどちらか（一方）であると考えられるような「言明や記述」を**命題**という．先生のいったことを整理すると次のようになる．

命題 P を「欠席者が5人以内」とし，命題 Q を「数学の試験をする」とすると，先生は「P ならば Q」といった．「ならば」の代わりに，記号“$\Longrightarrow$”を用いると，先生の言明は“$P \Longrightarrow Q$”となる．命題“(P ではない) $\Longrightarrow$ (Q ではない)”を命題“$P \Longrightarrow Q$”の**裏**の命題という．日常生活では，“$P \Longrightarrow Q$”だけしかいわなくても，その裏をも意味することが多い．上に挙げた例は，その典型である．わざわざ，「欠席者が5人以内なら数学の試験をする」といった場合，単に数学の試験をするというのとは意味が違って「欠席者が6人以上ならば数学の試験はしない」という意味が含まれていると考えるのである．

では，日常生活では常に「裏」の意味を含んでいるかといえば，そうでもない．

例 0.2　有料道路の料金徴収所の2つのゲートの前に，「左ハンドルの車は左側のゲートを」と書いてあった．

この場合，「左ハンドルの車は左側のゲートを」の「裏」の意味は，「右ハンドルの車は右側のゲートを」ということになるが，普通は右ハンドルの車はどちらのゲートも使える．

日常生活では裏の意味をとることが大事なこともよくあるが，数学では言明されていないことを補ってはいけない．

0.2　命題と真理値表

数学においては，何ごとかを表現していて，それが「成り立つ」か「成り立たない」か（あるいは，「真である」か「偽である」かといってもよい）のどちらかであるようなものを命題という．この場合，成り立つか成り立たないかがわかっているということではない．必要なのは，成り立つか成り立たないかのどちらか一方であるということである．命題とはそもそも何であるかということには悩まなくていい．実際に数学をする場合には，それは普通問題にならない．気をつけておくことは，命題といった場合，真であるか偽であるかのどちらか一方だけが必ず成り立つということであって，そうでありさえすれば中味は何であってもかまわない．

数学での論理では「P ならば Q」という場合，常に「裏」の意味は含んでいない．つまり，P でない場合については，何もいっていない．このことをわかりやすく見るために，場合分けして表にしてみよう（表 0.1）．

P	Q	$P \implies Q$
真	真	真
真	偽	偽
偽	真	真
偽	偽	真

表 0.1　$P \implies Q$ の真理値表

この表の上から 2 段目は P が真でかつ Q が真なら命題 $P \implies Q$ は真であること，3 段目は P が真でかつ Q が偽なら命題 $P \implies Q$ は偽であること，4 段目は P が偽でかつ Q が真なら命題 $P \implies Q$ は真であること，5 段目は P が偽でかつ Q が偽でも命題 $P \implies Q$ は真であることを示している．

最後の 2 段では命題 $P \implies Q$ が真であり，先ほど述べた「P が偽の場合に関しては何も主張していないから結論が何であってもよい」ということを示している．仮定 P が偽の場合には，結論 Q の真偽がいずれであっても命題 $P \implies Q$ は真なのである．

表 0.1 を命題 $P \implies Q$ の真理値表という．数学の論理では $\implies$ の記号がよく使われるが，これを英語では “implication”， 日本語では「含意」，「包摂（ほうせつ）」などという．通常は，わかりやすく「ならば」と呼んでおいてよいだろう．また，「P は Q の十分条件」，「Q は P の必要条件」ともいう．

このほかに「否定」，「または」，「かつ」にあたる論理記号がよく使われる．それを先ほどと同じように真理値表にまとめておこう（表0.2）．まず，P の否定，$\neg P$ である．

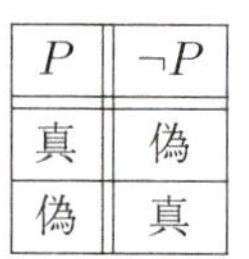

P	$\neg P$
真	偽
偽	真

表 0.2　$\neg P$ の真理値表

これについては説明の必要はないだろう．ある「命題の否定の真偽」は，もとの命題が真のとき偽であり，もとの命題が偽のときに真であることを表している．

次に，「P または Q」にあたる離接 “$P \vee Q$” と「P かつ Q」にあたる合接 “$P \wedge Q$” を表にしてみよう（表0.3，表0.4）．

P	Q	$P \vee Q$
真	真	真
真	偽	真
偽	真	真
偽	偽	偽

表 0.3　$P \vee Q$ の真理値表

P	Q	$P \wedge Q$
真	真	真
真	偽	偽
偽	真	偽
偽	偽	偽

表 0.4　$P \wedge Q$ の真理値表

数学では「必要十分条件」という言葉をよく用いる．これは，“$P \Longrightarrow Q$” も成り立つし，“$Q \Longrightarrow P$” も成り立つことを意味する．すなわち，“$(P \Longrightarrow Q) \wedge (Q \Longrightarrow P)$” が成り立つとき，$P$ は Q の必要十分条件であるという．このとき，“$P \Longleftrightarrow Q$” とも表し，P と Q が同値であるともいう．この場合，P と Q の真理値が一致することを真理値表を用いて示してみよう．

表0.5は，P と Q の真理値が一致するとき，$P \Longleftrightarrow Q$ は真であり，一致しないとき偽であることを示している．

これまで，「でない（否定）」，「または（離接）」，「かつ（合接）」，「ならば（含意）」と4つの論理演算を扱ってきたが，理論的には4つは必要なく，1つは他の論理演算で済ませることができる．たとえば，含意 “$P \Longrightarrow Q$” は否定 “$\neg P$” と離接

P	Q	$P \Longrightarrow Q$	$Q \Longrightarrow P$	$P \Longleftrightarrow Q$
真	真	真	真	真
真	偽	偽	真	偽
偽	真	真	偽	偽
偽	偽	真	真	真

表 0.5　$P \Longleftrightarrow Q$ の真理値表

"$P \vee Q$" によって書き表すことができる．すなわち，$P \Longrightarrow Q$ は $(\neg P) \vee Q$ と同値なのである．このことを真理値表を用いて示してみよう（表 0.6）．

P	Q	$\neg P$	$(\neg P) \vee Q$	$P \Longrightarrow Q$
真	真	偽	真	真
真	偽	偽	偽	偽
偽	真	真	真	真
偽	偽	真	真	真

表 0.6　$(\neg P) \vee Q$ の真理値表

普通の日本語と考えると「P ならば Q」というのと「P でないか Q である」というのは，意味が違うようにも感じられる．しかし，数学においてはこれはまったく同じ意味なのである．

問題 0.1　（ド・モルガンの法則）真理値表を用いて，命題 $(\neg P) \vee (\neg Q)$ と命題 $\neg(P \wedge Q)$ が同値であることを示せ．

考え方

P と Q の真理値によって，4 通りの場合を表にして，$(\neg P) \vee (\neg Q)$ と $\neg(P \wedge Q)$ の真理値がすべての場合に一致することを示せばよい．

解

まず，真理値表の枠をつくる（表 0.7）．

この空白のところの真理値を順に考えて埋めればよい．以後，簡単のために「真」を T，「偽」を F で表す．

P	Q	$\neg P$	$\neg Q$	$P \wedge Q$	$(\neg P) \vee (\neg Q)$	$\neg(P \wedge Q)$
真	真					
真	偽					
偽	真					
偽	偽					

表 0.7　$(\neg P) \vee (\neg Q)$ と $\neg(P \wedge Q)$ の真理値表（枠）

最後の（縦の）2列の真理値が一致しているから，$(\neg P) \vee (\neg Q)$ と $\neg(P \wedge Q)$ は同値である（表 0.8）．

P	Q	$\neg P$	$\neg Q$	$P \wedge Q$	$(\neg P) \vee (\neg Q)$	$\neg(P \wedge Q)$
T	T	F	F	T	F	F
T	F	F	T	F	T	T
F	T	T	F	F	T	T
F	F	T	T	F	T	T

表 0.8　$(\neg P) \vee (\neg Q)$ と $\neg(P \wedge Q)$ の真理値表（完成）

□

類題 0.1-1　真理値表を用いて，命題 $(\neg P) \wedge (\neg Q)$ と命題 $\neg(P \vee Q)$ が同値であることを示せ．

問題 0.2　次に示す分配法則を示せ．

$$(P \vee Q) \wedge R \Longleftrightarrow (P \wedge R) \vee (Q \wedge R)$$

$$(P \wedge Q) \vee R \Longleftrightarrow (P \vee R) \wedge (Q \vee R)$$

考え方

P と Q と R の真理値によって，8 通りの場合を表にして，左辺と右辺の真理値がすべての場合に一致することを示せばよい．

解

真理値表をつくる．次に示す真理値表（表 0.9）の第 5 列と第 8 列の真理値が一致しているので，$(P \vee Q) \wedge R$ と $(P \wedge R) \vee (Q \wedge R)$ は同値である．さらに次に示す真理値表（表 0.10）の第 5 列と第 8 列の真理値が一致しているので，$(P \wedge Q) \vee R$ と $(P \vee R) \wedge (Q \vee R)$ は同値である．

P	Q	R	$P \vee Q$	$(P \vee Q) \wedge R$	$P \wedge R$	$Q \wedge R$	$(P \wedge R) \vee (Q \wedge R)$
T	T	T	T	T	T	T	T
T	T	F	T	F	F	F	F
T	F	T	T	T	T	F	T
T	F	F	T	F	F	F	F
F	T	T	T	T	F	T	T
F	T	F	T	F	F	F	F
F	F	T	F	F	F	F	F
F	F	F	F	F	F	F	F

表 0.9　$(P \vee Q) \wedge R$ と $(P \wedge R) \vee (Q \wedge R)$ の真理値表

P	Q	R	$P \wedge Q$	$(P \wedge Q) \vee R$	$P \vee R$	$Q \vee R$	$(P \vee R) \wedge (Q \vee R)$
T	T	T	T	T	T	T	T
T	T	F	T	T	T	T	T
T	F	T	F	T	T	T	T
T	F	F	F	F	T	F	F
F	T	T	F	T	T	T	T
F	T	F	F	F	F	T	F
F	F	T	F	T	T	T	T
F	F	F	F	F	F	F	F

表 0.10　$(P \wedge Q) \vee R$ と $(P \vee R) \wedge (Q \vee R)$ の真理値表

□

問題 0.3　真理値表を用いて，命題 $\neg(P \implies Q)$ と命題 $P \wedge (\neg Q)$ が同値であることを示せ．

考え方

P, Q の真理値によって，4 つの場合に分けて表をつくる．列は，$P, Q, P \implies Q, \neg Q, P \wedge (\neg Q), \neg(P \implies Q)$ の 6 列にする．

解

表 0.11 の最後の 2 列の真理値が一致しているので，問題の 2 つの命題は同値である．

P	Q	$P \implies Q$	$\neg Q$	$P \wedge (\neg Q)$	$\neg(P \implies Q)$
T	T	T	F	F	F
T	F	F	T	T	T
F	T	T	F	F	F
F	F	T	T	F	F

表 0.11　$\neg(P \implies Q)$ と $P \wedge (\neg Q)$ の真理値表

□

注意

$P \implies Q$ の形をした命題の否定を考えるとき，$\implies$ を残したままでは間違いになることに注意．形式的に考えて，P か Q を否定すればよいだろうとして，$(\neg P) \implies Q$ とか，$P \implies (\neg Q)$ としては間違いである．真理値表を作れば，真理値が $P \implies Q$ の否定と一致しない．

問題 0.4　真理値表を用いて，命題 $P \Longrightarrow Q$ と命題 $(\neg Q) \Longrightarrow (\neg P)$ が同値であることを示せ．

考え方

P, Q の真理値によって，4 つの場合に分けて真理値表をつくる．列は，$P, Q, P \Longrightarrow Q, \neg Q, \neg P, (\neg Q) \Longrightarrow (\neg P)$ の 6 列にする．

解

次の表 0.12 の第 3 列と第 6 列の真理値が一致しているので，問題の 2 つの命題は同値である．

P	Q	$P \Longrightarrow Q$	$\neg Q$	$\neg P$	$(\neg Q) \Longrightarrow (\neg P)$
T	T	T	F	F	T
T	F	F	T	F	F
F	T	T	F	T	T
F	F	T	T	T	T

表 0.12　$P \Longrightarrow Q$ と $(\neg Q) \Longrightarrow (\neg P)$ の真理値表

□

コメント

命題 $(\neg Q) \Longrightarrow (\neg P)$ を命題 $P \Longrightarrow Q$ の**対偶**と呼ぶ．ある命題を証明するとき，その対偶を示すことがよくある．その意味で上の問題はとても重要である．

これまでに扱ったような命題に関する問題は，真理値表を用いて機械的に解くことができる．一方，命題の意味をよく考えることによっても結論はわかる．たとえば，$P \Longrightarrow Q$ の否定は，「P ならば Q」が成り立たないということであるから，それは「P なのに Q でない」となる．ここでの「なのに」の気持ちを取り去り，論理的にいえば「かつ」であるので，$P \Longrightarrow Q$ の否定は「P かつ Q でない」となる．実際の数学では意味を考えて議論を進めるのがほとんどである．

0.3　命題関数と限定記号

これまでの議論で高校までに扱う論理の話は終わった．しかし，これだけで高等学校までの数学で用いる論理をすべてまかなえるかというとそれは無理である．数学には**変数**が出てくる．命題においても変数を考える必要がある．たとえば，

$$x^2 - 4 = 0 \text{ ならば } \quad (x = 2 \text{ または } x = -2)$$

というような簡単なものでも，このままでは命題としては扱えない．なぜなら，$x^2 - 4 = 0$ は「真であるか偽であるかのどちらかである」とはいえないからである．ただし，x の値が与えられれば $x^2 - 4 = 0$ は真であるか偽であるかが決まるので，その意味でこのようなものを**変数を含む命題**または**命題関数**という．命題関数とは「x を変数として値が『真』か『偽』である関数」と考えることを示す言葉である．「変数を含む命題」についても，その「否定」，「または」，「かつ」，「ならば」が同じように「変数を含む命題」として考えられることはいうまでもないだろう．

さて，「変数を含む命題」を「命題」として考えるためには，変数の値を1つ決めてしまえばよい．しかし，変数は変数として残しておかなければならない場合も多い．その場合の扱い方は，次のようになる．

「考えているすべての変数について，その命題が成り立つかどうか」

または，

「考えている変数のある適当なものに対してはその命題が成り立つかどうか」

を考えることにすれば，確かに命題となる．実際，先ほどの，

$$x^2 - 4 = 0 \text{ ならば} \quad (x = 2 \text{ または } x = -2)$$

という計算は，正確には，

どんな x であっても，$x^2 - 4 = 0$ を満たすならば，

それは $(x = 2$ または $x = -2)$ である

という意味なのであった．

「どんな x であっても」ということを記号では，“$\forall x$,” と書く．したがって，上の文章を論理記号を用いて正確に表すと

$$\forall x, ((x^2 - 4 = 0) \implies (x = 2) \vee (x = -2))$$

となる．

コメント

上の表現では，カッコをたくさん用いた．カッコは省略する場合も多い．省略すると解釈が複数出る場合もあるが，前後関係で判断する．

記号 “$\forall x$,”（$\forall$ は**全称記号**と呼ばれる）をつけることによって得られた上の命題は真である．なぜなら，どんな x でも $x^2 - 4 = 0$ を満たすものは，$x = 2$ であるか $x = -2$ であるかは確かに正しい．

全称記号を含んだ命題の否定がどうなるかは，数学の論理の 1 つのキーとなる．もちろん，これは難しいものではなく，日常会話での論理と異なるものでもない．つまり，

どんな x に対しても，$x^2 - 4 = 0$ を満たすならば，

それは　$(x = 2$ または $x = -2)$ である

ということを否定すると，

「どんなx であっても，$x^2 - 4 = 0$ を満たすならば，

それは $(x = 2$ または $x = -2)$ である」というわけではない．

となるわけであるから，

「あるxについては，$x^2-4=0$を満たしても，

$(x=2$ または $x=-2)$ であるというわけではない」

となる．

論理記号を使ってこの命題を書くとどうなるか．

$$\exists x:(x^2-4=0)\wedge(\neg(x=2\vee x=-2))$$

となる．記号 $\neg$ は否定を表している．記号 $\exists$ は **存在記号**と呼ばれる．これは，"$\exists x:P(x)$" の形で使われ，「ある x について，$P(x)$ が成り立つ」という意味である．あるいは，「$P(x)$ が成り立つような x が存在する」といっても同じことである．

今述べてきたことを，まとめてみよう．

$P(x)$ を変数 x を含む命題とする．このとき，命題

$$\forall x, P(x)$$

の否定は，

$$\exists x:\neg P(x)$$

である．すなわち，

$$\neg(\forall x, P(x)) \iff \exists x:\neg P(x)$$

である．これは，「$P(x)$ でないような x が存在する」は，いいかえると，「すべての x について，$P(x)$ であるわけではない」ということであるからである．

両辺の否定をとると，$\neg(\neg P(x)) \iff P(x)$ だから，

$$\forall x, P(x) \iff \neg(\exists x:\neg P(x))).$$

$\neg P(x)$ を $Q(x)$ で置き換え，左右を入れかえれば，

$$\neg(\exists x:Q(x)) \iff \forall x, \neg Q(x)$$

となる．

念のため，上に述べた論理が日常生活の論理と同じであることをみておこう．「この部屋にいる人の中に犯人がいる」の否定は，「この部屋にいる人のどの人も犯人ではない」となる．

上の2つの命題を論理記号を用いて書く．この部屋にいる人を x の記号で表すことにする．最初の命題は "$\exists x:x$ は犯人である" となる．この命題の否定命題は，"$\forall x,\neg(x$ は犯人である$)$" となる．これは日常語で書けば，当然のこととなる．最

初の命題は,「この部屋の人で，犯人である人がいる」であり，その否定が「この部屋のどの人も，犯人ではない」ということであるからである.

問題 0.5　次の命題のうち，正しいものはどれか．その理由も説明せよ．ただし，x は実数の範囲で考えるとする.

1. $\forall x,\ x^2 + 2x + 3 > 0$
2. $\forall x,\ x^2 + 2x - 3 > 0$
3. $\exists x : x^2 + 2x + 3 > 0$
4. $\exists x : x^2 + 2x - 3 > 0$

解

1. $x^2 + 2x + 3 = (x+1)^2 + 2 > 0$ はすべての x について成り立つから正しい.
2. $x = 0$ とすれば，$0 + 0 - 3 > 0$ は正しくなく，この命題は正しくない.
3. $x = 1$ とすれば，$1 + 2 + 3 > 0$ は正しいので，正しい.
4. $x = 2$ とすれば，$4 + 4 - 3 > 0$ は正しいので，正しい.

□

第1章 集合と写像

1.1 集合

数学をする場合の基本的な言葉として「集合」と「写像」がある．これらについては実際に数学を学んでいく中で理解が進むという面もあり，抽象的に「集合と写像」を学んでもピンと来にくいということもあるが，やはり，最低限の言葉の定義などは最初に覚えておかなければならない．

まず，集合とは何か．これは次のように捉えよう．集合とは「何かものの集まり」である．話をしやすいように記号を入れて，その「何かものの集まり」を A としよう．このとき「A が集合である」ということによって何を意味するのか．それは「どんなものも A に含まれているか，含まれていないかのどちらか一方であること」を意味する．x が A に含まれていることを記号で $x \in A$ と書く．この記号を用いれば，A が集合であるということは，

“$x \in A$” が命題であること

といえる．

集合を表す記号として 2 つの書き方がある．1 つは，単純にその要素をすべて書き並べる方法である．たとえば，1 から 5 までの自然数を要素とする集合は，

$$\{1, 2, 3, 4, 5\}$$

と表せばよい．この方法では，無限個の要素をもつ場合には書ききれないが，想像力で補うことも多い．たとえば，自然数全体の集合は，普通 $\mathbb{N}$ の記号で表されるが，

$$\mathbb{N} = \{1, 2, 3, \cdots\}$$

と表すのである．この場合，前後関係で $\cdots$ が推測できなければならない．数学は非常に厳密な学問であるけれども，それはあくまで内容についてであって形式についてはそれほどではない．形式を気にするのは内容を伝えるにあたって誤解が生じな

いようにするためであり，そこがポイントである．その意味で，このような書き方には限界がある．たとえば，

$$A = \{2, 4, 8, \cdots\}$$

と書いた場合，等比数列を話題にしているときなら，これは 2^n の形の数（ただし，n は自然数）の集まりを意味しているだろう．しかし，その前提がなければ，実は，これは $2 + n(n-1)$ の形の数を表しているかも知れない．このとき，

$$A = \{x \,|\, x = 2^n, n \in \mathbb{N}\}$$
$$B = \{x \,|\, x = 2 + n(n-1), n \in \mathbb{N}\}$$

のように表せば，A, B ははっきり決まる．さらに一般には，$P(x)$ を変数 x を含む命題として，$\{x \,|\, P(x)\}$ によって，$P(x)$ が真となるようなすべての x を要素とする集合を表す（あるいは，たて棒 $|$ の代わりにコロン：を用いることもある）．この場合，$a \in A$ であることと $P(a)$ が成り立つこととは同値である．この表記を用いれば，集合の議論を命題の議論に置き換えることができる．

高等学校の教科書では，常に「集合と論理」として集合と論理が一緒に教えられている．集合と論理の関係が強く意識されているからであろう．そのことは基本的には問題ないのだが，うっかりすると「命題」と「集合」を混同することがあるので注意が必要である．

1.2　部分集合と集合の相等

まず，言葉をまとめておこう．

定義 1.1（要素）　A を集合とする．この A に属するものを A の**要素**（または**元**（げん））という．x が A に**属する**ことを $x \in A$，そうでないことを $x \notin A$ と書く．

コメント

A が集合といった場合，その要素が属しているか属していないかだけが問題である．同じものが複数入っているということは考えない．順序も問題にしない．たとえば，$\{1, 2, 3, 4, 5\}$ も $\{1, 5, 2, 3, 4, 2\}$ も同じ集合である．ちょうど，命題が真であるか偽であるかのどちらかであるのと同じように，「$a \in A$ であるか，$a \notin A$ であるかのどちらか一方」が成り立つ．

▌定義 1.2▐（部分集合）　A, B を集合とする．「$x \in A$ ならば $x \in B$」が成り立つとき，A を B の**部分集合**，または A は B に**含まれる**といい，$A \subset B$ と表す．このとき A と B に**包含関係**があるともいう．

▌定義 1.3▐（集合の等号）　集合 A, B に対して，「$A \subset B$ かつ $B \subset A$」が成り立つとき集合 A, B は**等しい**といい，$A = B$ と表す．

コメント

集合はものの集まりと最初に述べたが，正確には集まりというより，「メンバーシップ」，すなわち，何かサークルとかクラブの「名簿」と考えたほうがよい．その場合何かの間違いで同じ名前が 2 つあったとしても，人間は 1 人であり，同じ人が 2 重に会員であるということはない．A を集合とすると，A に属するかどうかが問題にされるのであって，具体的なものの集まりとは違う．すなわち，たとえば，財布の中味を調べたら，図 1.1 のようであったとしよう．

図 1.1　財布の中味

コインでの所持金　423 円　というわけである．このとき，財布を集合 A と考えたとすると，$A = \{$①, ①, ①, ⑩, ⑩, (100), (100), (100), (100)$\}$ と絵では描ける．このとき，「① $\in A$」だが，「㊿ $\notin A$」である．絵で表すのをやめて，A の要素を数として考えてしまうと，$A = \{1, 1, 1, 10, 10, 100, 100, 100, 100\}$ は $B = \{1, 10, 100\}$ と同じになってしまう．$x \in A$ は $x = 1, x = 10$ または，$x = 100$ を意味する．したがって，$x \in A \Longrightarrow x \in B$ が成り立つから，$A \subset B$ となる．もちろん，$B \subset A$ も成り立つから，$A = B$ である．A を集合と考えたとき，A は同じものを 3 つもっているというようには考えない．「A

に入っているか，入っていないか」だけが問題にされる．財布の例を正しく集合で考えるには，ひとつひとつの1円玉，10円玉，100円玉をすべて区別して，

$$A = \{1_1, 1_2, 1_3, 10_1, 10_2, 100_1, 100_2, 100_3, 100_4\}$$

のように扱えばよい．

この定義は，A の要素は B の要素であり，その逆も成り立つときに，$A = B$ としている．集合という概念は，その要素であるかどうかだけを問題にするのだから，集合としては A も B もまったく同じ働きをする．集合の等号が成り立つことを証明する場合には，この定義が成り立つこと，すなわち，$A \subset B$ と $B \subset A$ が成り立つことを示すことが基本になる．

定義 1.4（真部分集合）　A, B を集合とする．$A \subset B$ かつ $A \neq B$ のとき A は B の**真部分集合**であるといい，$A \subsetneq B$ と表す．

定義 1.5（空集合）　要素を1つも持たない集合を**空集合**という．つまりどんな x に対しても $x \notin A$ が成り立つ集合 A が空集合である．空集合は，記号 $\emptyset$ で表す．

問題 1.1　空集合は任意の集合の部分集合であることを証明せよ．

考え方

この問題は任意の集合 A に対して，$\emptyset \subset A$ が成り立つことを示すのだから "$x \in \emptyset \Longrightarrow x \in A$" という命題が真であることを示せばよい．この命題の仮定 "$x \in \emptyset$" は成り立たないから結論が成り立つかどうかを考えるまでもなく，その命題自身は真である（0.2節を参照のこと）．

解

"$\forall x, x \in \emptyset \Longrightarrow x \in A$" が示せればよいが，$x \in \emptyset$ は常に成り立たないので，$x \in A$ が成り立つかどうかを考えるまでもなく，この命題は真である． □

定義 1.6（和集合） A, B を集合とする．A の要素であるかまたは B の要素である要素全体の集合を A と B の**和集合**といい，$A \cup B$ で表す．

$$A \cup B = \{x \mid x \in A \text{ または } x \in B\}.$$

定義 1.7（共通部分） A, B を集合とする．A の要素でありかつ B の要素である要素全体の集合を A と B の**共通部分**といい，$A \cap B$ で表す．

$$A \cap B = \{x \mid x \in A \text{ かつ } x \in B\}.$$

問題 1.2 （集合の演算に関する性質）集合 A, B, C に対して，次が成り立つことを示せ．

（交換法則）$A \cup B = B \cup A, \quad A \cap B = B \cap A.$

（結合法則）$A \cup (B \cup C) = (A \cup B) \cup C, \quad A \cap (B \cap C) = (A \cap B) \cap C.$

（分配法則）$A \cap (B \cup C) = (A \cap B) \cup (A \cap C),$

$A \cup (B \cap C) = (A \cup B) \cap (A \cup C).$

考え方

命題レベルに落として考えればよい．

解

（交換法則）$A \cup B = B \cup A$

$$x \in A \cup B \Longleftrightarrow x \in A \text{ または } x \in B \Longleftrightarrow x \in B \text{ または } x \in A$$
$$\Longleftrightarrow x \in B \cup A$$

$A \cap B = B \cap A$ については，上において「または」を「かつ」に代えればよい．

（結合法則）$A \cup (B \cup C) = (A \cup B) \cup C$

$$
\begin{aligned}
x \in A \cup (B \cup C) &\Longleftrightarrow x \in A \text{ または，} x \in B \cup C \\
&\Longleftrightarrow x \in A \text{ または } (x \in B \text{ または } x \in C) \\
&\Longleftrightarrow x \in A \text{ または } x \in B \text{ または } x \in C \\
&\Longleftrightarrow (x \in A \text{ または } x \in B) \text{ または } x \in C \\
&\Longleftrightarrow x \in (A \cup B) \cup C
\end{aligned}
$$

$A \cap (B \cap C) = (A \cap B) \cap C$ については，上において「または」を「かつ」に代えればよい．

（分配法則）$A \cap (B \cup C) = (A \cap B) \cup (A \cap C)$．

$$
\begin{aligned}
x \in A \cap (B \cup C) &\Longleftrightarrow x \in A \text{ かつ } (x \in B \cup C) \\
&\Longleftrightarrow x \in A \text{ かつ } (x \in B \text{ または } x \in C) \\
&\Longleftrightarrow (x \in A \text{ かつ } x \in B) \text{ または } (x \in A \text{ かつ } x \in C) \\
&\Longleftrightarrow x \in (A \cap B) \cup (A \cap C)
\end{aligned}
$$

（分配法則）$A \cup (B \cap C) = (A \cup B) \cap (A \cup C)$．

$$
\begin{aligned}
x \in A \cup (B \cap C) &\Longleftrightarrow x \in A \text{ または } (x \in B \cap C) \\
&\Longleftrightarrow x \in A \quad \text{または} \quad (x \in B \text{ かつ } x \in C) \\
&\Longleftrightarrow (x \in A \quad \text{または} \quad x \in B) \text{ かつ } (x \in A \quad \text{または } x \in C) \\
&\Longleftrightarrow x \in (A \cup B) \cap (A \cup C)
\end{aligned}
$$

□

コメント

結合法則 $A \cup (B \cup C) = (A \cup B) \cup C$ が成り立つから，上の表現でカッコを省略して，$A \cup B \cup C$ と書いてもよいことになる．足し算で $a + b + c$ と書いてよいのと同じことである．

分配法則の証明では，論理に関する分配法則（問題 0.2）を用いている．

定義 1.8（差集合）　A, B を集合とする．A の要素であり，かつ，B に属さない要素全体を A と B の差集合といい，$A - B$ または $A \setminus B$ で表す．

定義 1.9（直積集合）　集合 A, B に対して A と B の直積集合 $A \times B$ を次の式で定義する．$A \times B = \{(a,b) \mid a \in A, b \in B\}$ ここで (a,b) は順序のついた組を表し，$(a,b) = (a',b') \Longleftrightarrow a = a'$ かつ $b = b'$ である．

n 個の集合 $A_1, A_2, A_3, \cdots, A_n$ の直積集合を

$$A_1 \times A_2 \times \cdots \times A_n = \{(a_1, a_2, \cdots, a_n) \mid a_1 \in A_1, a_2 \in A_2, \cdots, a_n \in A_n\}$$

とし，

$$(a_1, a_2, \cdots, a_n) = (a_1', a_2', \cdots, a_n') \Longleftrightarrow a_1 = a_1',\ a_2 = a_2',\ \cdots,\ a_n = a_n'$$

と定める．

コメント

最後の式の右辺でのカンマは「かつ」の意味である．

問題 1.3　$(A \cap B) \times C = (A \times C) \cap (B \times C)$ を証明せよ．

考え方

次の 2 つを示すが，前と同様，1 度に示すことができる．

$$(A \cap B) \times C \subset (A \times C) \cap (B \times C), \quad (A \times C) \cap (B \times C) \subset (A \cap B) \times C.$$

解

$$(x,y) \in (A \cap B) \times C \Longleftrightarrow x \in (A \cap B), \quad y \in C \quad \text{(直積集合の定義から)}$$

$$\Longleftrightarrow (x \in A \text{ かつ } x \in B), \quad y \in C \quad \text{(}\cap\text{の定義から)}$$

$$\iff (x \in A, y \in C) \text{ かつ } (x \in B, y \in C)$$
$$\iff (x, y) \in (A \times C) \text{ かつ } (x, y) \in B \times C$$
$$\iff (x, y) \in (A \times C) \cap (B \times C)$$

したがって，$(A \cap B) \times C = (A \times C) \cap (B \times C)$. □

問題 1.4　次の式が成り立つことを示せ．$A = (A \cap B) \cup (A - B)$.

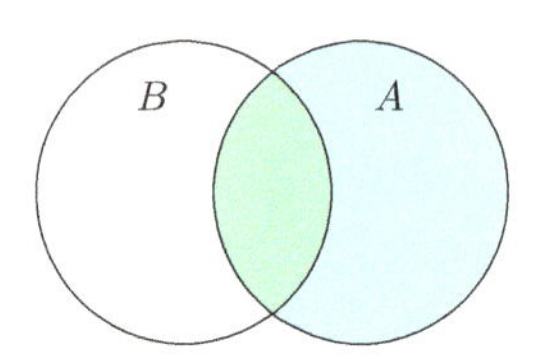

図 1.2　$A = (A \cap B) \cup (A - B)$

考え方

図を描けば当然のこと．論理的に2つの包含関係を示すことが問題.

解

$$x \in A \iff x \in A \text{ かつ } (x \in B \text{ または } x \notin B)$$
$$\iff (x \in A \text{ かつ } x \in B) \text{ または } (x \in A \text{ かつ } x \notin B)$$
$$\iff (x \in A \cap B) \text{ または } (x \in A - B)$$
$$\iff x \in (A \cap B) \cup (A - B)$$

したがって，$A = (A \cap B) \cup (A - B)$. □

注意

このように単純な問題では，図で判断しても間違いは起きないが，難しい問題では慣れていないと間違える．経験を積めば図から厳密な論理を書くことができ，正しい証明かどうかがわかるようになる．

問題 1.5　次の式はいずれも $A \subset B$ と同値になることを示せ．

(1) $A \cup B = B$　(2) $A \cap B = A$　(3) $A - B = \emptyset$　(4) $A \cup (B - A) = B$

考え方 (1)

$A \cup B = B \Longleftrightarrow A \subset B$ を示す．

$\Longrightarrow$) 仮定 $A \cup B = B$ から結論 $A \subset B$ を導く．和集合の定義から $A \subset A \cup B$ は成り立つ．仮定から $A \cup B = B$ なので，$A \subset A \cup B = B$

$\Longleftarrow$) $A \subset B$ から $A \cup B = B$ を示す．$A \subset B$ より，$A \cup B \subset B \cup B = B$. $B \subset A \cup B$ は明らかだから，$A \cup B = B$ である．

解

(1) $A \cup B = B \Longleftrightarrow A \subset B$ を示す．

$\Longrightarrow$) $x \in A$ とすると，$x \in A \cup B = B$ だから $x \in B$. したがって，$A \subset B$.

$\Longleftarrow$) $B \subset A \cup B$ は定義から成り立つ．$x \in A \cup B$ とすると，$x \in A$ または $x \in B$. いま，$A \subset B$ だから，いずれにしろ $x \in B$. したがって，$A \cup B \subset B$. □

考え方 (2)

$A \cap B = A \Longleftrightarrow A \subset B$ を示す．

$\Longrightarrow$) $A \subset B$ を示したいので $x \in A$ に対して $x \in B$ を示せばよい．

$\Longleftarrow$) 仮定 $A \subset B$ を用いて $A \cap B \subset A$ と $A \cap B \supset A$ を示したい．

$A \cap B \subset A$ は仮定に関係なく成り立つ．$A \cap B \supset A$ は仮定を用いて示す．

解

(2) $A \cap B = A \Longleftrightarrow A \subset B$ を示す．

$\Longrightarrow$) $x \in A$ とする．仮定より $A = A \cap B$ なので $x \in A \cap B$. すなわち，$x \in B$. したがって，$A \subset B$.

$\Longleftarrow$) $A \cap B \subset A$ は $\cap$ の定義から成り立つ．$A \cap B \supset A$ を示す．$x \in A$ とする．仮定 $A \subset B$ より $x \in B$. よって，$x \in A \cap B$. したがって，$A \subset A \cap B$. 以上より $A \cap B = A$. □

考え方 (3)

$A - B = \emptyset \Longleftrightarrow A \subset B$ を示す．命題レベルで考えればよい．

解

(3)

$\Longrightarrow$)$A - B = \emptyset$ より，$x \in A$ かつ $x \notin B$ である要素 x は存在しない．したがって，$x \in A$ ならば $x \in B$ である．すなわち，$A \subset B$. したがって，$A - B = \emptyset \Longrightarrow A \subset B$ が示された．

$\Longleftarrow$) 逆も同じであるが，念のため示しておこう．

$A \subset B$ は，$x \in A$ ならば $x \in B$ であることを意味する．したがって，$x \in A$ で $x \notin B$ である x は存在しない．すなわち，$A - B = \emptyset$ が成り立つ．

□

考え方 (4)

(1) で $A \cup B = B \Longleftrightarrow A \subset B$ を示したから，$A \cup (B - A) = A \cup B$ を示せばよい．

解

(4) $A \cup (B - A) = A \cup B$ を示せば，(1) から，$A \subset B \Longleftrightarrow A \cup (B - A) = A \cup B$ も示されたことになる．

$B - A \subset B$ より，$A \cup (B - A) \subset A \cup B$.

$A \cup B \subset A \cup (B - A)$ を示す．

$x \in A \cup B$ とする．$x \in A$ のとき $\cup$ の定義より $x \in A \cup (B - A)$．

次に，$x \in B$ のときのうち，$x \in A$ の場合は，すでに検証済みだから，$x \in B$ かつ $x \notin A$ の場合を考えればよい．このとき，$x \in B - A$ となり，$x \in A \cup (B - A)$．

結局，$A \cup B \subset A \cup (B - A)$ が示された．□

数学では，1 度に無限個の集合を考えることがよくある．無限個の集合の和集合，共通部分の概念が重要である．以下がその定義である．

定義 1.10（無限個の集合） 一般に，集合 Λ の各要素 $\alpha \in \Lambda$ に対して，集合 $A_\alpha, \alpha \in \Lambda$ が与えられるとき，$A_\alpha, \alpha \in \Lambda$ 全部の**和集合** $\bigcup_{\alpha \in \Lambda} A_\alpha$，**共通部分** $\bigcap_{\alpha \in \Lambda} A_\alpha$ を次のように定義する．

$$\bigcup_{\alpha \in \Lambda} A_\alpha = \{x \mid x \in A_\alpha \text{である} \alpha \in \Lambda \text{が存在する}\}$$

$$= \{x \mid \exists \alpha \in \Lambda : x \in A_\alpha\}$$

$$\bigcap_{\alpha \in \Lambda} A_\alpha = \{x \mid \text{すべての} \alpha \in \Lambda \text{に対して，} x \in A_\alpha\}$$

$$= \{x \mid \forall \alpha \in \Lambda, x \in A_\alpha\}$$

注意

$\forall$ の記号は，大事である．これは，変数を含んだ命題 $P(x)$ に対して，“$\forall x, P(x)$” という具合に用いられ，「任意の x について，命題 $P(x)$ が成り立つ」ということを意味している．したがって，常に $\forall$ の後には変数と変数を含んだ命題が来なくてはいけない．$\forall$ を単純に日本語の「任意の」の代わりに使うことも多いが，厳密にはこれは誤りである．なお，「任意の」と「すべての」は，日本語としてはかなり意味が違うように感じられるが，数学の論理としてはまったく同じに扱われる．

$\exists$ の記号も同様であって，変数を含んだ命題 $Q(x)$ に対して，“$\exists x : Q(x)$” という具合に用いられ，「命題 $Q(x)$ が成り立つような x が存在する」，あるいは，「ある x に対して，命題 $Q(x)$ が成り立つ」ということを意味している．したがって，常に $\exists$ の後には変数と変数を含んだ命題が来なくてはいけない．

∃ を単純に日本語の「ある」と同じ意味と考えると間違いが生じることもある．「ある x に対して $P(x)$ が成り立つならば $Q(x)$ が成り立つ」というような表現をすることがあるが，この場合「ある x」だからといって，「$\exists x : P(x) \cdots$ 」と書いては誤りである．意味を考えればわかるように，正しくは「$\forall x, P(x)$」，すなわち，「$P(x)$ が成り立つような任意の x に対して」という意味である．

問題 1.6　自然数 n に対して，$A_n = \left[0, \frac{1}{n}\right] = \left\{x \,\middle|\, 0 \leq x \leq \frac{1}{n}\right\} \subset \mathbb{R}$ とする．自然数全体の集合を $\mathbb{N}$ とするとき $\bigcap_{n \in \mathbb{N}} A_n$ を求めよ．

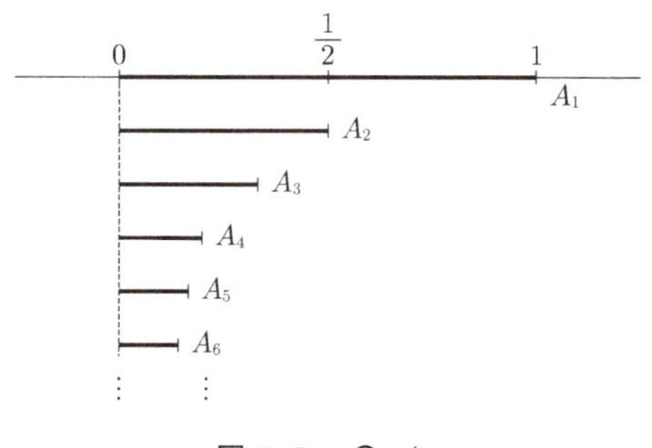

図 **1.3**　$\bigcap_{n \in \mathbb{N}} A_n$

考え方

どんなに小さな正の数よりも小さい負でない数は 0 だけであるということが，証明の本質．$A_1 = [0, 1], A_2 = \left[0, \frac{1}{2}\right], A_3 = \left[0, \frac{1}{3}\right]$ という具合だから，n を大きくするにしたがって x のとりうる範囲が小さくなっていく．その共通部分をとるのだから，答えは $\{0\}$ と予想される．確かめることは $x = 0 \Longleftrightarrow x \in \bigcap_{n \in \mathbb{N}} A_n$ である．$x = 0$ のとき，$x \in \bigcap_{n \in \mathbb{N}} A_n$ はすぐわかる．逆は背理法を用いる．

解

どんな自然数 n に対しても，$0 \leq 0 \leq \dfrac{1}{n}$，すなわち，$\forall n \in \mathbb{N}, 0 \in A_n$ だから，$0 \in \bigcap_{n\in\mathbb{N}} A_n$．つまり，$\{0\} \subset \bigcap_{n\in\mathbb{N}} A_n$．

次に逆を示す．

(1) $x < 0$ なら，$x \notin A_1$ より $x \notin \bigcap_{n\in\mathbb{N}} A_n$．

(2) $x > 0$ ならば，十分大きな自然数 N をとれば $\dfrac{1}{N} < x$ となり，$x \notin A_N$．
したがって，$x \notin \bigcap_{n\in\mathbb{N}} A_n$．

結局，$x \in \bigcap_{n\in\mathbb{N}} A_n$ ならば $x = 0$．すなわち，$\bigcap_{n\in\mathbb{N}} A_n \subset \{0\}$．

よって，$\bigcap_{n\in\mathbb{N}} A_n = \{0\}$．　□

類題 1.6-1　自然数 n に対して，$B_n = \left(0, \dfrac{1}{n}\right) = \left\{x \,\middle|\, 0 < x < \dfrac{1}{n}\right\}$ とするとき，$\bigcap_{n\in\mathbb{N}} B_n$ を求めよ．

ヒント

答えは空集合．証明は $0 \notin \bigcap_{n\in\mathbb{N}} B_n$ 以外，問題 1.6 の後半とほぼ同じ．

問題 1.7　$A_n = \{(x, y) \,|\, 0 \leq x,\ 0 \leq y \leq x^n\} \subset \mathbb{R}^2$，　$n \in \mathbb{N}$ としたとき，次を求めよ．

(1)　$\bigcap_{n\in\mathbb{N}} A_n$　　(2)　$\bigcup_{n\in\mathbb{N}} A_n$

考え方

図を描いて答えを予測する．後は，その予測を証明する．

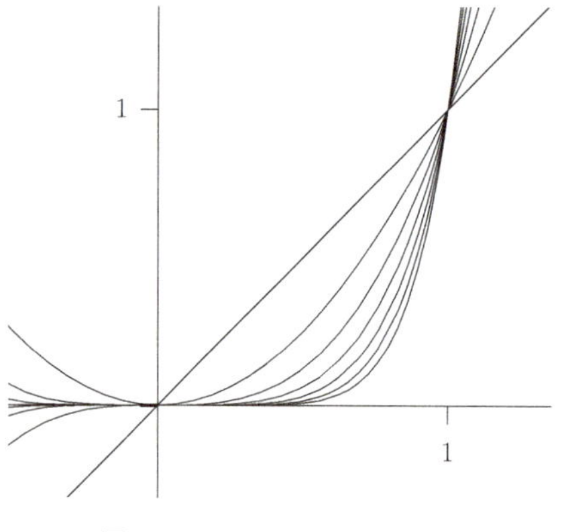

図 **1.4**　$x \geq 0, 0 \leq y \leq x^n$

コメント

この問題はやさしくはない．図を描いてゆっくりと考えてほしい．

解

(1) まず，

$$(x,y) \in \bigcap_{n \in \mathbb{N}} A_n \iff \forall n \in \mathbb{N},\ (x,y) \in A_n \iff \forall n \in \mathbb{N},\ 0 \leq x, 0 \leq y \leq x^n$$

である．

$(x,y) \in \bigcap_{n \in \mathbb{N}} A_n$ とする．x の値で場合分けをする．

(i) $0 \leq x < 1$ の場合，$\forall n \in \mathbb{N}, y \leq x^n$ より $y \leq \lim_{n \to \infty} x^n = 0$ となり $y = 0$ となる．

(ii) $x = 1$ の場合，$x^n = 1$ だから，$y \leq 1$.

(iii) $x > 1$ の場合，$(x,y) \in A_1$ より $0 \leq y \leq x$ が成り立つ．

したがって，

$$\bigcap_{n \in \mathbb{N}} A_n \subset \{(x,y) \mid 0 \leq x < 1,\ y = 0\} \cup \{(x,y) \mid 1 \leq x,\ 0 \leq y \leq x\}$$

がいえた．

逆に，$(x,y) \in \{(x,y) \mid 0 \leq x < 1,\ y = 0\} \cup \{(x,y) \mid 1 \leq x,\ 0 \leq y \leq x\}$ とする．$0 \leq x < 1, y = 0$ なら $0 \leq x^n$ より，$\forall n \in \mathbb{N}, (x,y) \in A_n$. したがって，

$(x, y) \in \bigcap_{n \in \mathbb{N}} A_n$.

$1 \leq x, 0 \leq y \leq x$ とすると，$0 \leq y \leq x \leq x^2 \leq \cdots \leq x^n \leq \cdots$ が成り立つから，$\forall n \in \mathbb{N}, (x, y) \in A_n$. 結局

$$\{(x, y) \mid 0 \leq x < 1,\ y = 0\} \cup \{(x, y) \mid 1 \leq x,\ 0 \leq y \leq x\} \subset \bigcap_{n \in \mathbb{N}} A_n.$$

以上より，

$$\bigcap_{n \in \mathbb{N}} A_n = \{(x, y) \mid 0 \leq x < 1,\ y = 0\} \cup \{(x, y) \mid 1 \leq x,\ 0 \leq y \leq x\}.$$

(2) $(x, y) \in \mathbb{R}^2$ をとる.

(i) $0 \leq x \leq 1$ の場合，$x \geq x^2 \geq x^3 \geq \cdots$ だから，$(x, y) \in \bigcup_{n \in \mathbb{N}} A_n \Longleftrightarrow (x, y) \in A_1$.

(ii) $x > 1$ の場合，$\lim_{n \to \infty} x^n = \infty$ だから $y \geq 0$ とすると，十分大きな N に対して，$y < x^N$ となり，$(x, y) \in A_N$. したがって，$y \geq 0 \Longleftrightarrow (x, y) \in \bigcup_{n \in \mathbb{N}} A_n$.

以上より，

$$\bigcup_{n \in N} A_n = \{(x, y) | 0 \leq x \leq 1,\ 0 \leq y \leq x\} \cup \{(x, y) | 1 < x, 0 \leq y\}.$$

□

注意

上の (2) (i) において "$(x, y) \in \bigcup_{n \in \mathbb{N}} A_n \Longleftrightarrow (x, y) \in A_1$" を "$A_1 = \bigcup_{n \in \mathbb{N}} A_n$" としてはいけない. x に条件があるからである.

問題 1.8　$A_\alpha, \alpha \in \Lambda$ を集合の集まり，B を集合とするとき，次が成り立つことを示せ.

$$\left(\bigcup_{\alpha \in \Lambda} A_\alpha\right) \cap B = \bigcup_{\alpha \in \Lambda} (A_\alpha \cap B).$$

考え方

有限個の場合と本質的には変わらない. 無限個の場合の $\cap$ と $\cup$ の定義を用いる. したがって，$\forall$ と $\exists$ の記号を用いることが必要となる.

解

$$x \in (\bigcup_{\alpha\in\Lambda} A_\alpha) \cap B \iff x \in \bigcup_{\alpha\in\Lambda} A_\alpha \text{ かつ } x \in B \quad (\cap\text{の定義から})$$
$$\iff (\exists\alpha \in \Lambda : x \in A_\alpha) \text{ かつ } x \in B \quad (\text{定義 1.10 から})$$
$$\iff \exists\alpha \in \Lambda : (x \in A_\alpha \text{かつ } x \in B)$$
$$\iff x \in \bigcup_{\alpha\in\Lambda} (A_\alpha \cap B)$$
□

類題 1.8-1　A を集合，$B_\alpha, \alpha \in \Lambda$ を集合の集まりとしたとき，次が成り立つことを示せ．

$$A \cup (\bigcap_{\alpha\in\Lambda} B_\alpha) = \bigcap_{\alpha\in\Lambda} (A \cup B_\alpha).$$

定義 1.11（べき集合）　集合 A の部分集合全体からなる集合を A の**べき集合**と呼び，2^A あるいは，$\mathcal{P}(A)$ と表す．

問題 1.9　$A = \{1, 2\}$ のとき，2^A を求めよ．また，2^A の要素の数はいくつか．

解

各要素1つ1つについてその集合の要素である場合，ない場合とに場合分けする．
$2^A = \{\emptyset, \{1\}, \{2\}, \{1, 2\}\}$. 2^A の要素の数は4個． □

類題 1.9-1　$A = \{a, b, c\}$ のとき，2^A を求めよ．また，その要素の数はいくつか．

定義 1.12（全体集合）　集合 X が固定されていて，X の部分集合だけについて議論するとき，X のことを**全体集合**という（**普遍集合**ともいう）．

定義 1.13（補集合）　A は集合で $A \subset X$ とする．X の要素で A に属さないような要素全体を（X に関する）A の**補集合**と呼び，A^c で表す．つまり，A の補集合 A^c を $A^c = X - A$ と定義する．

問題 1.10　$A \subset B$ ならば $B^c \subset A^c$ が成り立つことを証明せよ．

考え方

論理レベルで対偶を考えればよい．

解

仮定から $x \in A \Longrightarrow x \in B$. この対偶をとると，$x \notin B \Longrightarrow x \notin A$ となる．つまり，$x \in B^c \Longrightarrow x \in A^c$（問題 0.4 参照）． □

問題 1.11　「$A \subset B$ でない」ことと，“$A \cap B^c \neq \emptyset$” は同値であることを示せ．

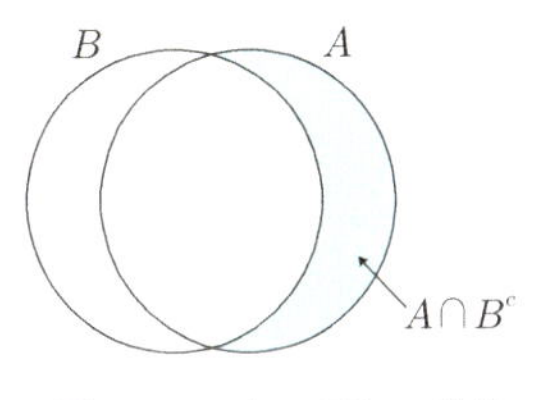

図 1.5　$A \cap B^c = \emptyset$?

解

$A \subset B$ でないとすると，$\exists x \in A : x \notin B$ が成り立つ．これは $x \in A \cap B^c$ を意味し，$A \cap B^c \neq \emptyset$. 逆に，$A \cap B^c \neq \emptyset$ とすれば，$\exists x \in A \cap B^c$ であり，$x \in A$ かつ $x \notin B$. つまり，$A \subset B$ でない． □

コメント

これはほぼ当たり前だが，よく使われる．当然，"$A \subset B \Longleftrightarrow A \cap B^c = \emptyset$" も成り立つ．

差集合と和集合，共通部分について，以下のことが成り立つ．

●定理 1.1（ド・モルガンの法則）　集合 X の部分集合 A, B および X の部分集合の集まり $A_\alpha, \alpha \in \Lambda$ について次のことが成り立つ．

(1) $(A \cup B)^c = A^c \cap B^c$

(2) $(A \cap B)^c = A^c \cup B^c$

(3) $(\bigcup_{\alpha \in \Lambda} A_\alpha)^c = \bigcap_{\alpha \in \Lambda} {A_\alpha}^c$

(4) $(\bigcap_{\alpha \in \Lambda} A_\alpha)^c = \bigcup_{\alpha \in \Lambda} {A_\alpha}^c$

問題 1.12　ド・モルガンの法則 (1) を証明せよ．

考え方

命題レベルで考えればよい（問題 0.1 と類題 0.1-1 を参照）．

解

$x \in (A \cup B)^c \Longleftrightarrow x \in X$ かつ ($x \in A \cup B$ でない)　　(補集合の定義)

$\Longleftrightarrow x \in X$ かつ ($x \in A$ でも $x \in B$ でもない)

$\Longleftrightarrow$ ($x \in X$ かつ $x \in A$ でない) かつ ($x \in X$ かつ $x \in B$ でない)

$\Longleftrightarrow x \in A^c$ かつ $x \in B^c \Longleftrightarrow x \in A^c \cap B^c$ □

コメント

ここで，$x \in X$ は大前提として，常に成り立っていると考えて，上の表現で $x \in X$ を書かないでおいてもかまわない．

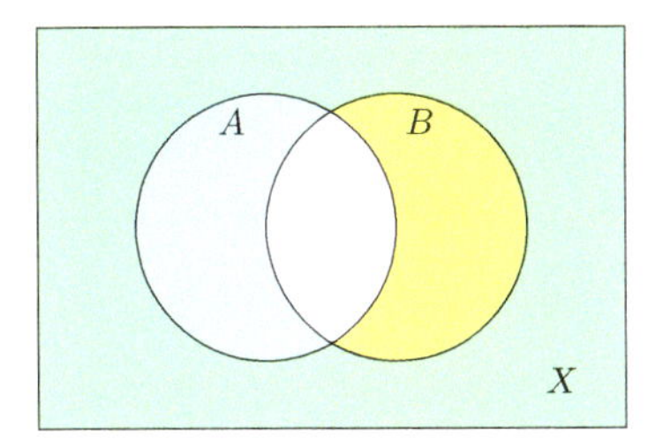

図 **1.6**　ド・モルガンの法則 (1)

類題 1.12-1　ド・モルガンの法則 (2) を証明せよ.

問題 1.13　ド・モルガンの法則 (3) を証明せよ.

考え方

$x \in \bigcup_{\alpha \in \Lambda} A_\alpha$ の否定は,「ある A_α に x が含まれる」の否定であるから,「どの A_α にも x が含まれない」であることがポイント (0.3 節を参照).

解

$$x \in \left(\bigcup_{\alpha \in \Lambda} A_\alpha\right)^c \iff x \in \bigcup_{\alpha \in \Lambda} A_\alpha \text{でない.} \iff (\exists \alpha \in \Lambda : x \in A_\alpha) \text{ でない.}$$

$$\iff \forall \alpha \in \Lambda, x \notin A_\alpha \iff \forall \alpha \in \Lambda, x \in {A_\alpha}^c$$

$$\iff x \in \bigcap_{\alpha \in \Lambda} {A_\alpha}^c$$

□

類題 1.13-1　ド・モルガンの法則 (4) を証明せよ.

1.3 写像

定義 1.14（写像，像）　A, B を集合とする．A の各要素 $a \in A$ に対し B の要素 $b \in B$ が1つ対応するとき，この対応を A から B への**写像**または**関数**という．

a に対して決まる b を $f(a)$ と書き，この $f(a)$ を f による a の**像**または**値**という．A から B への写像を f とすると

$$f : A \to B \quad \text{または} \quad f : A \to B, \quad a \mapsto f(a)$$

などと表す．A を f の**始集合**，または，**定義域**，B を f の**終集合**，または，**着域**という．

コメント

「写像 $f : A \to B$」といった場合，A のすべての要素に対して，B の要素 $f(a)$ が決まっていなければならない．また，B の要素 $f(a)$ は1つに決まっていなければならない．たとえば，$f(x) = \pm\sqrt{x}$ は写像ではない．

しかし，$a, a' \in A, a \neq a'$ に対して，$f(a) = f(a')$ となってもかまわない．

また，B の要素すべてが $f(a)$ の形になる必要もない．この2つの条件は，写像に関する2つの性質となる．

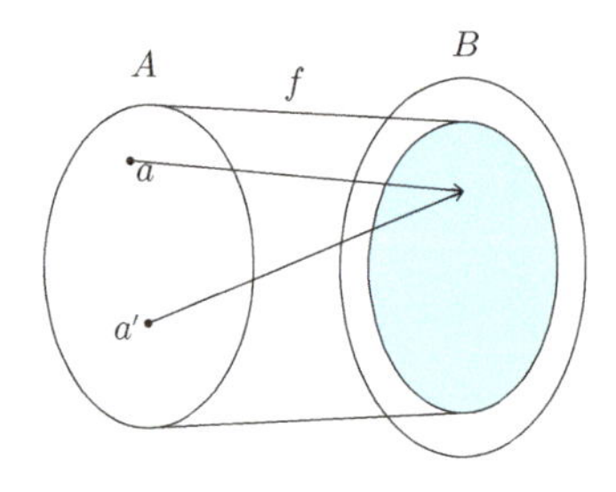

図 1.7　写像

定義 1.15（全射）　写像 $f : A \to B$ が**全射**であるとは，任意の $b \in B$ に対して，$f(a) = b$ となる $a \in A$ が存在することをいう．

定義 1.16 （単射） 写像 $f : A \to B$ が**単射**であるとは，$a_1 \neq a_2 \Longrightarrow f(a_1) \neq f(a_2)$ が成り立つことをいう．

注意

単射という性質は，対偶 "$f(a_1) = f(a_2) \Longrightarrow a_1 = a_2$" の形でもよく使われる．

定義 1.17 （全単射） 写像 f が全射かつ単射であるとき，f は**全単射**である（あるいは，**1 対 1 対応**である）という．

定義 1.18 （合成写像） $f : A \to B,\ g : B \to C$ に対して A の各要素 a に対して C の要素 $g(f(a))$ を対応させる A から C への写像を f と g の**合成写像**（あるいは，**結合写像**）といい，$g \circ f$ と表し，次で定義する．すなわち，

$$g \circ f : A \to C,\ (g \circ f)(a) = g(f(a)),\ (a \in A).$$

問題 1.14 写像 $f : A \to B,\ g : B \to C$ がともに単射ならば，$g \circ f : A \to C$ も単射であることを示せ．

考え方

仮定を用いて，"$g \circ f(a_1) = g \circ f(a_2) \Longrightarrow a_1 = a_2$" をいえばよい．

解

$a_1, a_2 \in A$ に対し，$g \circ f(a_1) = g \circ f(a_2)$ とする．$g \circ f$ の定義より $g(f(a_1)) = g(f(a_2))$．g の単射性から $f(a_1) = f(a_2)$ で，さらに f の単射性から $a_1 = a_2$ となる．よって $g \circ f$ は単射． □

問題 1.15　$f : A \to B, g : B \to C$ をともに全射の写像とするとき，$g \circ f : A \to C$ も全射であることを示せ．

考え方

「任意の $c \in C$ に対して $c = g \circ f(a)$ となる $a \in A$ が存在する」を示す．仮定 g, f が全射より，$\forall c \in C, \exists b \in B :\ c = g(b)$，$\forall b \in B, \exists a \in A :\ b = f(a)$．2つ目の式の b は任意なので1つ目の式の b とすることができる．

解

g が全射であることより，任意の $c \in C$ に対して $c = g(b)$ となる $b \in B$ が存在する．f が全射であることより，この $b \in B$ に対して $b = f(a)$ となる $a \in A$ が存在する．したがって $c = g(b) = g(f(a)) = g \circ f(a)$ となる $a \in A$ が存在する．よって，$g \circ f$ は全射．□

問題 1.16　写像 $f : A \to B, g : B \to C$ に関して，$g \circ f$ が単射なら f も単射であることを示せ．

考え方

「$f(a_1) = f(a_2)$ なら $a_1 = a_2$」を示す．仮定を用いるために g で写す．

解

$f(a_1) = f(a_2), a_1, a_2 \in A$ と仮定する．両辺に g を作用させると，g は写像であるから $g(f(a_1)) = g(f(a_2))$ を得る．$g \circ f$ の定義からこれは $g \circ f(a_1) = g \circ f(a_2)$ を意味する．$g \circ f$ は単射なので $a_1 = a_2$．すなわち，f は単射である．□

問題 1.17　写像 $f : A \to B, g : B \to C$ に関して，$g \circ f$ が全射なら g も全射であることを示せ．

考え方

「任意の $c \in C$ に対して $c = g(b)$ となる $b \in B$ が存在する」を示す.

解

$g \circ f$ は全射なので $\forall c \in C, \exists a \in A : c = g \circ f(a)$. 合成写像の定義から $g \circ f(a) = g(f(a))$ であるから, $b = f(a)$ とすれば, $c = g(b)$ となる $b \in B$ が存在することになり, これは g が全射であることを示している. □

定義 1.19（恒等写像） A を空でない集合とする. A の各元 a に対して $a \in A$ を対応させる A から A への写像

$$I_A : A \to A, \quad a \mapsto a$$

を A の恒等写像という. つまり $I_A(a) = a$ である.

問題 1.18 $f : A \to B, g : B \to A$ を写像とする. $f \circ g = I_B$ ならば f は全射であり, g は単射であることを示せ.

考え方

$f \circ g = I_B \quad (\forall b \in B, f(g(b)) = b)$ から f : 全射, g : 単射を示す. すなわち, "$\forall b \in B, \exists a \in A : b = f(a)$" と "$g(b_1) = g(b_2) \Longrightarrow b_1 = b_2$" を示す.

解

f が全射であることを示す. 任意の $b \in B$ に対して $a = g(b)$ とおくと, $f(a) = f(g(b)) = f \circ g(b) = I_B(b) = b$ となる. したがって f は全射.

次に g が単射であることを示す. $b_1, b_2 \in B$ に対して $g(b_1) = g(b_2)$ とすると, 両辺に f を作用させて $f(g(b_1)) = f(g(b_2))$ となるから,

$$b_1 = I_B(b_1) = f \circ g(b_1) = f(g(b_1)) = f(g(b_2)) = f \circ g(b_2) = I_B(b_2) = b_2$$

が成り立つ. したがって, g は単射である. □

定義 1.20（像と逆像）　写像 $f : A \to B$ に対して，$S \subset A$, $T \subset B$ があるとする．S の f による**像** $f(S)$ と T の f に関する**逆像** $f^{-1}(T)$ を次のように定義する．

$$f(S) = \{f(a) \mid a \in S\}, \quad f^{-1}(T) = \{a \in A \mid f(a) \in T\}.$$

このとき，$f(S) \subset B$,　$f^{-1}(T) \subset A$ である．

注意

像 $f(S)$ の定義をより正確にいいかえると，“$b \in f(S) \iff \exists a \in S : b = f(a)$” となる．また，逆像 $f^{-1}(T)$ の定義をいいかえて，“$x \in f^{-1}(T) \iff f(x) \in T$” としてもよい．この2つは，よく用いられる．そのまま記憶しておこう．

問題 1.19　$f : A \to B$, $S \subset A$, $T \subset B$ としたとき，次が成り立つことを示せ．(1) $f(f^{-1}(T)) \subset T$　　(2) $f^{-1}(f(S)) \supset S$

考え方

定義，または，上の注意のいいかえを用いればよい．

解

(1) $b \in f(f^{-1}(T))$ とすると，$b = f(a)$ となる $a \in f^{-1}(T)$ が存在する．逆像の定義より，$f(a) \in T$ ということになるので，$b \in T$. すなわち，$f(f^{-1}(T)) \subset T$.

(2) $a \in S$ とすると，$f(a) \in f(S)$ である．したがって，$a \in f^{-1}(f(S))$. 結局，$S \subset f^{-1}(f(S))$. □

問題 1.20 $f : A \to B, S \subset A, T \subset B$ について，次が成り立つことを示せ．
(1) f が全射なら，$f(S)^c \subset f(S^c)$ (2) f が単射なら $f(S^c) \subset f(S)^c$
(3) $f^{-1}(T^c) = (f^{-1}(T))^c$

考え方

出てきた記号や言葉の定義を思い出せばよい．

解

(1) $y \in f(S)^c$ とする．補集合の定義から $y \in B, y \notin f(S)$．f は全射だから，$\exists x \in A; y = f(x)$ だが，$y \notin f(S)$ より $x \in S$ ではありえない．すなわち，$x \in S^c$．したがって $y = f(x) \in f(S^c)$．結局，$f(S)^c \subset f(S^c)$．
(2) $y \in f(S^c)$ とすると，$\exists x \in S^c : y = f(x)$．仮に，$\exists x' \in S$, $y = f(x')$ とすると，f の単射性から $x' = x$ となり，$x \in S^c$ に矛盾．したがって，$y \notin f(S)$．すなわち，$y \in f(S)^c$．結局，$f(S^c) \subset f(S)^c$ が成り立つ
(3) $x \in f^{-1}(T^c) \iff f(x) \in T^c \iff f(x) \notin T \iff x \notin f^{-1}(T). \iff x \in (f^{-1}(T))^c$．したがって，$f^{-1}(T^c) = f^{-1}(T)^c$ が成り立つ．□

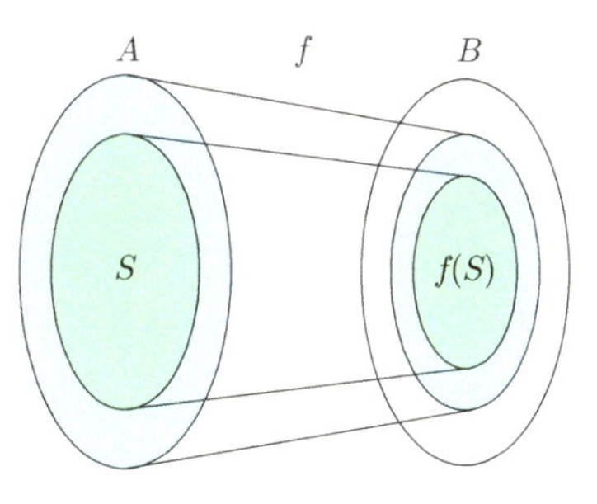

図 1.8 $f(S^c) \subset f(S)^c$

注意

$f(S^c)$ については $f(S)^c$ に等しいかどうかは一般にはわからない．似た式だが，$f^{-1}(T^c)$ は常に $(f^{-1}(T))^c$ に等しい．逆像については，成り立ちそうな式がうまく成り立つ．

定義 1.21（逆写像）　$f : A \to B$ を A から B への全単射である写像とする．f が全射より，任意の $b \in B$ に対して $f(a) = b$ となる $a \in A$ が存在する．また，単射からこのような a は唯1つであるから，b に対して a を対応させることによって B から A への写像が定義できる．この写像を $f^{-1} : B \to A$ と表し，f の**逆写像**という．つまり　$f^{-1}(y) = x \Longleftrightarrow f(x) = y$　である．

注意

記号が同じなので紛らわしいが，逆写像と逆像の区別をきちんとできるようにしよう．逆写像は「写像」，逆像は「集合」で「もの」が違うので，少し注意すれば混同することはない．逆像は常に考えられるが，逆写像はもとの写像が全単射の場合にしか考えられない．

問題 1.21　写像 $f : A \to B$,　$A_1, A_2 \subset A$,　$B_1, B_2 \subset B$ に対して次が成立する．これらのうち (1)〜(3) を証明せよ．

(1) $f(A_1 \cup A_2) = f(A_1) \cup f(A_2)$
(2) $f(A_1 \cap A_2) \subset f(A_1) \cap f(A_2)$
(3) $f^{-1}(B_1 \cup B_2) = f^{-1}(B_1) \cup f^{-1}(B_2)$
(4) $f^{-1}(B_1 \cap B_2) = f^{-1}(B_1) \cap f^{-1}(B_2)$

注意

(1),(3),(4) は $=$ だが，(2) は $=$ ではなく $\subset$ であることに注意．実際，写像 $f : \mathbb{R} \to \mathbb{R}$,　$f(x) = x^2$ に対して $A_1 = [-1, 0]$,　$A_2 = [0, 1]$ とすれば，$f(A_1 \cap A_2) = f(\{0\}) = \{0\}$ だが，$f(A_1) = [0, 1]$,　$f(A_2) = [0, 1]$ だから，$f(A_1) \cap f(A_2) = [0, 1]$ である．すなわち，$f(A_1 \cap A_2) \neq f(A_1) \cap f(A_2)$.

考え方

ほぼ定義を思い出すだけでできる．

解

(1) $y \in f(A_1 \cup A_2)$ とすると，定義から $\exists x \in A_1 \cup A_2 : y = f(x)$ となる．$x \in A_1$ ならば $y \in f(A_1)$ であり，$x \in A_2$ ならば $y \in f(A_2)$ である．すなわち，$y \in f(A_1) \cup f(A_2)$. したがって，$f(A_1 \cup A_2) \subset f(A_1) \cup f(A_2)$ が成り立つ．

逆に $y \in f(A_1) \cup f(A_2)$ とすると，$y \in f(A_1)$ または $y \in f(A_2)$ である．$y \in f(A_1)$ とすると，$y = f(x)$ となる $x \in A_1$ が存在する．$x \in A_1$ から $x \in A_1 \cup A_2$. よって $f(x) \in f(A_1 \cup A_2)$. $y = f(x)$ より $y \in f(A_1 \cup A_2)$. $y \in f(A_2)$ のときも同様に $y \in f(A_1 \cup A_2)$ がいえる．したがって，$f(A_1) \cup f(A_2) \subset f(A_1 \cup A_2)$. 以上より $f(A_1 \cup A_2) = f(A_1) \cup f(A_2)$ が示された．

(2) $y \in f(A_1 \cap A_2)$ とすると，$\exists x \in A_1 \cap A_2 : y = f(x)$ となる．$x \in A_1$ より，$y = f(x) \in f(A_1), x \in A_2$より $y = f(x) \in f(A_2)$. すなわち，$y \in f(A_1) \cap f(A_2)$.　したがって，$f(A_1 \cap A_2) \subset f(A_1) \cap f(A_2)$ が示された．

(3)
$$
\begin{aligned}
x \in f^{-1}(B_1 \cup B_2) &\iff f(x) \in B_1 \cup B_2 & &\text{(逆像の定義)} \\
&\iff f(x) \in B_1 \text{ または } f(x) \in B_2 & &\text{(和集合の定義)} \\
&\iff x \in f^{-1}(B_1) \text{ または } x \in f^{-1}(B_2) & &\text{(逆像の定義)} \\
&\iff x \in f^{-1}(B_1) \cup f^{-1}(B_2) & &\text{(和集合の定義)} \quad \square
\end{aligned}
$$

類題 1.21-1　(4) が成り立つことを示せ．

問題 1.22　$f: A \to B$ が単射なら $f(A_1 \cap A_2) = f(A_1) \cap f(A_2)$ が成り立つことを示せ．

考え方

先に示したように，$f(A_1 \cap A_2) \subset f(A_1) \cap f(A_2)$ は常に成り立った．単射の条件を使って，逆の包含関係を示す．

解

$f(A_1 \cap A_2) \subset f(A_1) \cap f(A_2)$ はすでに示した（問題 1.21）ので，$f(A_1) \cap f(A_2) \subset f(A_1 \cap A_2)$ を示せばよい．$y \in f(A_1) \cap f(A_2)$ とすると，$y \in f(A_1)$ かつ $y \in f(A_2)$．つまり, $\exists x_1 \in A_1 : y = f(x_1)$ かつ, $\exists x_2 \in A_2 : y = f(x_2)$. このとき, $y = f(x_2) = f(x_1)$ で f が単射であることより $x_1 = x_2$. ここで, $x_1 \in A_1, x_2 \in A_2$ だから $x_1 = x_2 \in A_1 \cap A_2$．よって，$y = f(x_1) \in f(A_1 \cap A_2)$． □

問題 1.23　次が成り立つことを証明せよ．

(1)　$f^{-1}(\bigcup_{\alpha \in \Lambda} A_\alpha) = \bigcup_{\alpha \in \Lambda} f^{-1}(A_\alpha)$　　(2) $f^{-1}(\bigcap_{\alpha \in \Lambda} A_\alpha) = \bigcap_{\alpha \in \Lambda} f^{-1}(A_\alpha)$

考え方

$\bigcup_{\alpha \in \Lambda} A_\alpha$ や $\bigcap_{\alpha \in \Lambda} A_\alpha$ についての議論では必ず全称記号 $\forall$ と存在記号 $\exists$ を用いる．定義に戻ればよい．

解

(1)　$x \in f^{-1}(\bigcup_{\alpha \in \Lambda} A_\alpha) \iff f(x) \in \bigcup_{\alpha \in \Lambda} A_\alpha$　　（逆像の定義）

$$\Longleftrightarrow \exists \alpha_0 \in \Lambda\colon f(x) \in A_{\alpha_0} \qquad \text{(無限個の和集合の定義)}$$

$$\Longleftrightarrow \exists \alpha_0 \in \Lambda\colon x \in f^{-1}(A_{\alpha_0}) \qquad \text{(逆像の定義)}$$

$$\Longleftrightarrow x \in \bigcup_{\alpha\in\Lambda} f^{-1}(A_\alpha). \qquad \text{(無限個の和集合の定義)}$$

(2) $$x \in f^{-1}(\bigcap_{\alpha\in\Lambda} A_\alpha) \Longleftrightarrow f(x) \in \bigcap_{\alpha\in\Lambda} A_\alpha \qquad \text{(逆像の定義)}$$

$$\Longleftrightarrow \forall\alpha \in \Lambda, f(x) \in A_\alpha \qquad \text{(無限個の共通部分の定義)}$$

$$\Longleftrightarrow \forall\alpha \in \Lambda, x \in f^{-1}(A_\alpha) \qquad \text{(逆像の定義)}$$

$$\Longleftrightarrow x \in \bigcap_{\alpha\in\Lambda} f^{-1}(A_\alpha). \qquad \text{(無限個の共通部分の定義)}$$

□

定義 1.22 (濃度) 2つの集合 A, B に対して，A と B の**濃度が等しい**とは，A から B への全単射の写像 $f : A \to B$ が存在するときをいう．

コメント

有限集合の場合には「濃度」は，通常の要素の「個数」のことである．無限集合を含めて考えている場合には**濃度**または**基数**というのが慣例である．

問題 1.24 $\mathbb{N}$ を自然数全体の集合とする．また，$\mathbb{N}' = \{2, 4, 6, \cdots\}$ (つまり偶数全体の集合) とするとき，$\mathbb{N}$ と $\mathbb{N}'$ の濃度が等しいことを示せ．

解

$f : \mathbb{N} \to \mathbb{N}'$ を $f(x) = 2x$ とする．$f(x) = f(x')$ とすると，$2x = 2x'$ だから，$x = x'$．すなわち，f は単射．また，任意の $b \in \mathbb{N}'$ をとると，$\mathbb{N}'$ の決め方から $b = 2b'$, $b' \in \mathbb{N}$ と表される．これは，$b = f(b')$, $b' \in \mathbb{N}$ を意味するから，f は全射でもある．結局，f は全単射であり，$\mathbb{N}$ と $\mathbb{N}'$ の濃度は等しい． □

類題 1.24-1 $A=[0,1], B=[0,2]$ としたとき，A と B の濃度が等しいことを示せ．

ヒント

$f(x)=2x$ が A から B への全単射であることを確かめればよい．

問題 1.25 集合 [0,1) と集合 (0,1) の濃度が等しいことを示せ．

考え方

$A=\{0,1,2,3,\cdots\}$ と $B=\{1,2,3,\cdots\}$ では，$B \subsetneqq A$ であるが，A と B の濃度は等しい．$f(x)=x+1$ によって，A から B への全単射が決まるからである．$[0,1)$ と $(0,1)$ でも，$[0,1)$ のほうが，0 だけ余分である．$(0,1)$ は可算無限個の要素 $\frac{1}{2}, \frac{1}{3}, \frac{1}{4}, \cdots$ をもつから，1 つずつずらして 0 を $\frac{1}{2}$ に，$\frac{1}{2}$ を $\frac{1}{3}$ に，$\frac{1}{3}$ を $\frac{1}{4}$ に $\cdots$ と対応させれば $[0,1)$ から $(0,1)$ への全単射をつくることができる．

解

まず，どんな数 $0<x<1$ に対しても，$\frac{1}{n+1} \leq x < \frac{1}{n}$ が成り立つ自然数が 1 つだけ決まることに注意して，$(0,1)$ と $[0,1)$ を次のように分解する．

$$(0,1)=\bigcup_{n\in\mathbb{N}}\left[\frac{1}{n+1},\frac{1}{n}\right) \quad , \quad [0,1)=\{0\}\cup\bigcup_{n\in\mathbb{N}}\left[\frac{1}{n+1},\frac{1}{n}\right)$$

この分解を用いて，写像 $f:[0,1)\to(0,1)$ を次のように決める．

$$f(x)=\begin{cases} x, & x\in\displaystyle\bigcup_{n\in\mathbb{N}}\left(\frac{1}{n+1},\frac{1}{n}\right) \\ \dfrac{1}{n+1}, & x=\dfrac{1}{n},\ n\geq 2 \\ \dfrac{1}{2}, & x=0 \end{cases}$$

f が単射，すなわち，$f(x) = f(x') \Longrightarrow x = x'$ を示す．

$f(x) \in \bigcup_{n\in\mathbb{N}} \left(\dfrac{1}{n+1}, \dfrac{1}{n}\right)$ の場合，f の定義式から $x = \dfrac{1}{n}$ の形ではない．また，$x = 0$ でもない．したがって，$x \in \bigcup_{n\in\mathbb{N}} \left(\dfrac{1}{n+1}, \dfrac{1}{n}\right)$ であり，$f(x) = x$．もし，$f(x') = f(x)$ ならば，今と同じ議論で $f(x') = x'$ となり，$x = x'$ が成り立つ．

次に，$f(x) = \dfrac{1}{n+1}, (n \geq 2)$ の場合を考える．このとき，$x = \dfrac{1}{n}$ である．もし，$f(x') = f(x)$ ならば，$f(x') = \dfrac{1}{n+1}$ であり，$x' = \dfrac{1}{n} = x$ となる．

最後に，$f(x) = \dfrac{1}{2}$ の場合は，定義式から $x = 0$ であり，$f(x') = f(x)$ なら，$x' = 0 = x$ である．

これで，f が単射であることが示された．

f が全射であることを示す．$y \in (0,1)$ とする．まず，ある自然数 n に対して，$y = \dfrac{1}{n}$ となる場合を考える．このとき，$n \geq 3$ であれば，$n - 1 \geq 2$ であり，$f\left(\dfrac{1}{n-1}\right) = \dfrac{1}{n} = y$ となる．$n = 2$ のときは，$f(0) = \dfrac{1}{2}$ となる．どんな n に対しても，$y = \dfrac{1}{n}$ とならないときは，ある自然数 N に対して，$y \in \left(\dfrac{1}{N+1}, \dfrac{1}{N}\right)$ が成り立つ．この場合は，f の決め方から，$x = y$ として，$f(x) = y$ が成り立つ．これで，$\forall y \in (0,1), \exists x \in [0,1) : f(x) = y$ が言えたから，f は全射である．以上より，f が全単射であることがいえたので，集合 [0,1) と集合 (0,1) の濃度は等しい．

□

定義 1.23（可算集合，非可算集合）　自然数全体 $\mathbb{N}$ と同じ濃度をもつ集合を**可算の濃度をもつ集合**または**可算集合**という．$(0,1)$ と同じ濃度をもつ集合を**連続体の濃度をもつ集合**という．無限だが可算でない集合を**非可算集合**という．有限または可算の濃度の場合を合わせて**たかだか可算**という．

1.4 同値関係

定義 1.24（同値関係）　$\mathcal{R} \subset A \times A$ が次の 3 つの条件を満たすとき $\mathcal{R}$ を A 上の**同値関係**という．

(E_1) $\forall a \in A, (a,a) \in \mathcal{R}$

(E_2) $\forall a, b \in A, (a,b) \in \mathcal{R} \Longrightarrow (b,a) \in \mathcal{R}$

(E_3) $\forall a, b, c \in A, (a,b) \in \mathcal{R}, (b,c) \in \mathcal{R} \Longrightarrow (a,c) \in \mathcal{R}$

注意

1. $(a,b)\in\mathcal{R}$ の代わりに $\mathcal{R}$ を表に出さずに $a\sim b$ とも書く.
2. (E_2) は, 本来, $\forall a\in A, \forall b\in A, (a,b)\in\mathcal{R}\Longrightarrow(b,a)\in\mathcal{R}$ と書くところだが, $\forall$ の記号を繰り返さずに省略することもある. (E_3) においては, 本来3つの $\forall$ を1つで済ませている.

問題 1.26 $A=\mathbb{Z}$ を整数全体の集合, $\mathcal{R}\subset\mathbb{Z}\times\mathbb{Z}$ を $\mathcal{R}=\{(m,n)\,|\,m-n$ は3の倍数$\}$ とするとき, $\mathcal{R}$ は同値関係であることを示せ.

解

(E_1) すべての n に対して, $n-n=0$ で 0 は 3 の倍数だから $n\sim n$.

(E_2) $m\sim n$ とすると, ある整数 k に対して, $m-n=3k$. $n-m=-(m-n)=-3k=3(-k)$ より, $n-m$ も 3 の倍数になっているので $n\sim m$.

(E_3) $m\sim n, n\sim l$ とすると, $\exists k: m-n=3k$, $\exists k': n-l=3k'$. この2つの式を足すと, $m-l=3k+3k'=3(k+k')$. したがって, $m\sim l$.

$(\mathrm{E}_1), (\mathrm{E}_2), (\mathrm{E}_3)$ が示されたので $\mathcal{R}$ は同値関係である. □

類題 1.26-1 $\mathcal{R}\subset\mathbb{Z}\times\mathbb{Z}$ を, $\mathcal{R}=\{(m,n)\,|\,m-n$ は5の倍数$\}$ とする. このとき, $\mathcal{R}$ は $\mathbb{Z}$ 上の同値関係であることを示せ.

類題 1.26-2 $A=\mathbb{R}^2-\{(0,0)\}$ とし, $x,y\in A$ に対して $x\sim y \iff \exists\lambda\in\mathbb{R}: y=\lambda x$ と決めるとき, $\sim$ は $\mathbb{R}^2-\{(0,0)\}$ 上の同値関係であることを示せ.

定義 1.25（同値類）　$\sim$ を A 上の同値関係としたとき，$a \in A$ に対して $C(a) \subset A$ を次のように決める．$C(a) = \{a' \in A \,|\, a \sim a'\}$．$C(a)$ を a を含む**同値類**という．$C(a)$ を要素とする集合を $A/\sim$ と書き，A の $\sim$ による**類別空間**または**商空間**という．すなわち，$A/\sim = \{C(a) \,|\, a \in A\}$．

問題 1.27　次を示せ．

(1) $A = \bigcup_{a \in A} C(a)$.

(2) $C(a) \cap C(a') \neq \emptyset \Longrightarrow C(a) = C(a')$.

考え方

(1) $C(a) \subset A$ は当たり前．$A \subset \bigcup_{a \in A} C(a)$ を示すには $a \sim a$ だから $a \in C(a)$ が成り立つことに注意．

(2) $C(a) \subset C(a')$ を示せば $C(a') \subset C(a)$ は a と a' の立場を代えれば同じこと．$(\mathrm{E}_1), (\mathrm{E}_2), (\mathrm{E}_3)$ をくり返し用いればよい．

解

(1) $C(a) \subset A$ は，いつも成り立つから，$\bigcup_{a \in A} C(a) \subset A$．一方 $a_0 \in A$ とすると $a_0 \sim a_0$ より $a_0 \in C(a_0)$．ところが $C(a_0) \subset \bigcup_{a \in A} C(a)$ も当然成り立つから $a_0 \in \bigcup_{a \in A} C(a)$．$a_0 \in A$ は任意でよかったから，これは $A \subset \bigcup_{a \in A} C(a)$ を意味する．したがって $A = \bigcup_{a \in A} C(a)$．

(2) $C(a) \cap C(a') \neq \emptyset$ より $\exists b \in C(a) \cap C(a')$．すなわち $a \sim b$，　$a' \sim b$ が成り立つ．$x \in C(a)$ とすると $a \sim x$．(E_2) より $x \sim a$．$a \sim b$ であったから (E_3) より $x \sim b$．また $a' \sim b$ に (E_2) を用いて $b \sim a'$．$x \sim b, b \sim a'$ に (E_3) をもう 1 度用いて $x \sim a'$ となり (E_2) より $a' \sim x$．すなわち $x \in C(a')$．$x \in C(a)$ は任意でよかったから $C(a) \subset C(a')$ が示された．

a と a' を取り換えて同じように議論すれば，$C(a') \subset C(a)$ も得られる．　□

問題 1.28 問題 1.26 の同値関係について $A/\sim$ を求めよ.

考え方

整数を 3 で割った余りで分ける. 同値類は 3 つになる.

解

$$
\begin{aligned}
C(0) &= \{\cdots, -6, -3, 0, 3, 6, \cdots\} \\
C(1) &= \{\cdots, -5, -2, 1, 4, 7, \cdots\} \\
C(2) &= \{\cdots, -4, -1, 2, 5, 8, \cdots\} \\
C(3) &= \{\cdots, -3, 0, 3, 6, 9, \cdots\} = C(0)
\end{aligned}
$$

であり, また

$$
\begin{aligned}
C(-1) &= \{\cdots, -7, -4, -1, 2, 5, \cdots\} = C(2) \\
C(-2) &= \{\cdots, -8, -5, -2, 1, 4, \cdots\} = C(1) \\
C(-3) &= \{\cdots, -9, -6, -3, 0, 3, \cdots\} = C(0)
\end{aligned}
$$

が成り立つ. 同様にすべての $n \in \mathbb{Z}$ に対して, $C(n) = C(n+3)$ が成り立つ.

したがって $A/\sim = \{C(0), C(1), C(2)\}$ である. □

第2章 $\mathbb{R}$の位相

位相の概念は，大変一般的で抽象性の高いものである．そのことが，初学者には理解の難しさを生む．そこで基礎であり比較的わかりやすい場合として，実数全体を舞台として位相の考え方の中心的な部分を学ぶことにしよう．

2.1 点列とその収束

定義 2.1（点列） 自然数全体から実数への関数 $a:\mathbb{N}\to\mathbb{R}$ を点列（または，数列）という．通常，関数 a の i での値 $a(i)$ を a_i で表し，点列 $a:\mathbb{N}\to\mathbb{R}$ を $\{a_i\}_{i=1}^{\infty}$，略して $\{a_i\}$ と表す．

注意

ここでは，実数列を考えているので $a:\mathbb{N}\to\mathbb{R}$ の着域は $\mathbb{R}$ だが，実際にはこれに限らない．なお，記号 $\{a_i\}$ は，高等学校の教科書をはじめとして多くの本で採用されているが，集合を表す記号と紛らわしいので，本書では $a_i, i\in\mathbb{N}$ の表記を用いる．実際，点列は $\mathbb{N}$ から $\mathbb{R}$ への写像であり集合ではない．

定義 2.2（部分列） $a:\mathbb{N}\to\mathbb{R}$ を点列，$i:\mathbb{N}\to\mathbb{N}$ を順序を保つ写像，すなわち，$k<l$ ならば $i(k)<i(l)$ が成り立つとする．このとき，合成写像 $a\circ i:\mathbb{N}\to\mathbb{R}$ を点列 a の部分列という．

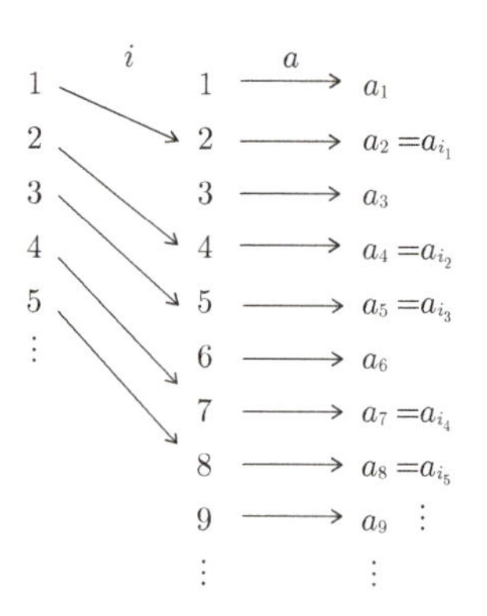

図 2.1 部分列

注意

通常，点列 $\{a_i\}$ の部分列を $\{a_{i_j}\}$ と表す．すなわち，$i(j) = i_j$ として，$a \circ i(j) = a(i(j)) = a(i_j) = a_{i_j}$ である．

以後，しばらく，$A \subset \mathbb{R}$ とする．すべての i について，$a_i \in A$ のとき，$a_i, i = 1, 2, 3, \cdots$ を A の中の点列という．

定義 2.3（点列の収束） A の中の点列 $a_i, i \in \mathbb{N}$ が，$\alpha \in \mathbb{R}$ に収束するとは，

$$\forall \varepsilon > 0, \exists N : \forall n, n \geq N \Longrightarrow |a_n - \alpha| < \varepsilon$$

が成り立つことである．

点列 $a_i, i \in \mathbb{N}$ が α に収束することを $\lim_{i \to \infty} a_i = \alpha$，あるいは，簡単に，$a_i \to \alpha$ と書く．

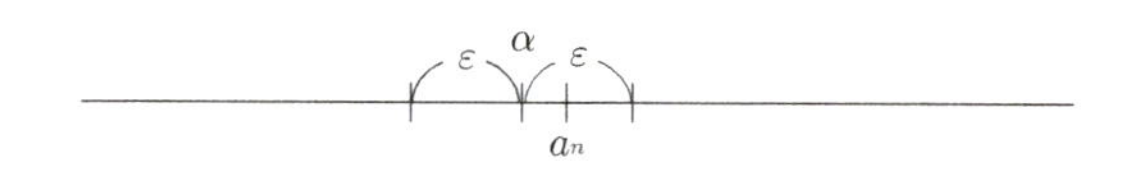

図 2.2 点列の収束

コメント

上の定義には，$\forall$ と $\exists$ の限定記号があわせて 3 つ使われている．本来は，次のようにカッコを用いなければならない．

$$\forall \varepsilon > 0, (\exists N : (\forall n, (n \geq N \Longrightarrow |a_n - \alpha| < \varepsilon)))$$

しかし，慣れれば自然に順に読んでいけば意味がとれるので，通常，カッコは省略される．この定義の意味は，次のように考えればわかりやすい．α は点列が近づいていく目標であり，目標との誤差 ε を決めると，それに応じて適当な（十分大きな）N をとれば，その番号から先の $a_n, n \geq N$ と α との誤差は常に ε より小さいということ．誤差の許容値をどんなに小さく与えても，番号を大きくすればその範囲に収まるということである．

また，下のように，3 番目の $\forall$ を書かない場合もある．

$$\forall \varepsilon > 0, \exists N : n \geq N \Longrightarrow |a_n - \alpha| < \varepsilon$$

このとき，含意記号 $\Longrightarrow$ を「ならば」と読むと，「$n \geq N$ ならば」となる．これは日本語として「n が N 以上ならば，どんな n に対しても」を意味し，$\forall$ の意味も含まれるので，$\forall$ を省略したのである．しかし，否定命題を考えたりする場合には，この $\forall$ を省略するとわかりにくくなるので注意が必要である．

問題 2.1 点列の収束先は一意であることを示せ．

考え方

点列の収束先が 2 つあるとして，矛盾を導けばよい．

コメント

「一意である」とは 1 つだけであるという意味．

解

点列 $a_i, i \in N$ が α にも β にも収束し，$\alpha \neq \beta$ とする．$\alpha > \beta$ の場合，$\alpha - \beta > 0$ であるから，$\varepsilon = \dfrac{\alpha - \beta}{2}$ とおく．収束の定義から

$\exists N_1 : \forall n, n \geq N_1 \Longrightarrow |a_n - \alpha| < \varepsilon,\quad \exists N_2 : \forall n, n \geq N_2 \Longrightarrow |a_n - \beta| < \varepsilon$

が成り立つ．$N = \max\{N_1, N_2\}$ (N_1 と N_2 の大きい方) とすれば $|a_N - \alpha| < \varepsilon$ と $|a_N - \beta| < \varepsilon$ とがともに成り立つ．三角不等式によって，

$$
\begin{aligned}
|\alpha - \beta| &= |\alpha - a_N + a_N - \beta| \leq |\alpha - a_N| + |a_N - \beta| \\
&< \varepsilon + \varepsilon = 2\varepsilon = \alpha - \beta
\end{aligned}
$$

となるが，これは成り立たない．$\alpha < \beta$ の場合は，$\varepsilon = \dfrac{\beta - \alpha}{2}$ として同じ議論をすればよい．結局，$\alpha \neq \beta$ とした仮定が成り立たないから，$\alpha = \beta$ である．□

コメント

$x, y \in \mathbb{R}$ に対して，$|x + y| \leq |x| + |y|$ は常に成り立つ．これを三角不等式という．x, y が同符号のときは，等号で成り立つ．また，異符号のときは，左辺が絶対値の差，右辺が絶対値の和であるから必ず成り立つ．

この不等式は次元を上げたベクトルに対しても成り立つ（3.1 節参照）．

問題 2.2　点列 $a_n, n \in \mathbb{N}$ が収束し，ある数 b に対し，すべての n に対して，$a_n \leq b$ が成り立つとする．このとき $\displaystyle\lim_{n \to \infty} a_n \leq b$ を示せ．

考え方

$\displaystyle\lim_{n \to \infty} a_n > b$ と仮定して，矛盾を導けばよい．

解

$\displaystyle\lim_{n \to \infty} a_n = \alpha$ とする．仮に，$\alpha > b$ としてみる．収束の定義の ε を $\alpha - b$ とすると，

$$\exists N : \forall n, n \geq N \Longrightarrow |a_n - \alpha| < \alpha - b$$

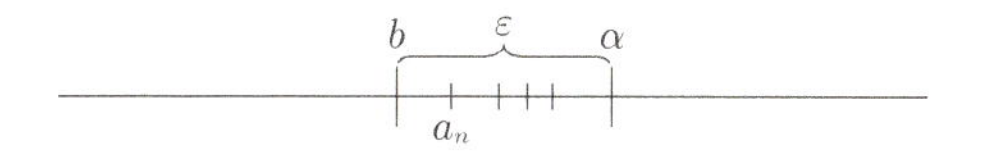

図 2.3 収束での不等式

となる．とくに $|a_N - \alpha| < \alpha - b$ が成り立つが，絶対値をはずすと，

$$-(\alpha - b) < a_N - \alpha < \alpha - b$$

が成り立ち，この最初の式から $b < a_N$ が得られる．これは仮定に反する．したがって，$\alpha \leq b$. □

類題 2.2-1 点列 $a_n, n \in \mathbb{N}$ が収束し，ある数 c に対して，すべての n 対して，$c \leq a_n$ が成り立つなら $c \leq \lim_{n\to\infty} a_n$ が成り立つことを示せ．

問題 2.3 収束する点列 $a_n, n \in \mathbb{N}$ と $b \in \mathbb{R}$ に対して，すべての n に対して，$a_n < b$ が成り立つとき，$\lim_{n\to\infty} a_n < b$ は成り立つか．成り立つなら証明を成り立たないなら反例をあげよ．

考え方

成り立つかどうかを，いくつかのわかりやすい例で考えてみる．

解

成り立たない．点列，$a_n = -\dfrac{1}{n}, n \in \mathbb{N}$ は 0 に収束する．しかし，すべての n に対して，$-\dfrac{1}{n} < 0$ であるので，これは反例である． □

コメント

すべての n に対して，$a_n < b$ が成り立っても，$\lim_{n\to\infty} a_n < b$ は成り立つとは限らないが，$a_n < b$ なら $a_n \leq b$ だから，$\lim_{n\to\infty} a_n \leq b$ は成り立つ．

問題 2.4　（はさみうちの定理）3つの点列 $a_n, b_n, c_n, n \in \mathbb{N}$ があって，すべての n に対して，$a_n \leq b_n \leq c_n$ を満たし，a_n も c_n も α に収束するとすると，b_n も α に収束することを示せ．

考え方

a_n も c_n も α に近づくのだから，それらにはさまれている b_nも α に近づくはずである．それを数式できちんと表現すればよい．

解

$\varepsilon > 0$ とする．$a_n \to \alpha$ より，$\exists N_1 : \forall n, n \geq N_1 \Longrightarrow |a_n - \alpha| < \varepsilon$ が成り立つ．$n \geq N_1$ のとき絶対値をはずして，$-\varepsilon < a_n - \alpha < \varepsilon$ より $\alpha - \varepsilon < a_n < \alpha + \varepsilon$ が成り立つ．仮定より，$a_n \leq b_n$ だから，$\alpha - \varepsilon < b_n$ も成り立つ．一方，$c_n \to \alpha$ より $\exists N_2 : \forall n, n \geq N_2 \Longrightarrow |c_n - \alpha| < \varepsilon$．いいかえると，$n \geq N_2$ ならば，$\alpha - \varepsilon < c_n < \alpha + \varepsilon$ が成り立つ．$b_n \leq c_n$ より $b_n < \alpha + \varepsilon$ も成り立つ．$N = \max\{N_1, N_2\}$ とすれば $n \geq N$ ならば $\alpha - \varepsilon < b_n < \alpha + \varepsilon$ が成り立つ．これは，$b_n \to \alpha$ を示している．□

2.2 コーシー列

定義 2.4　（コーシー列）　A の中の点列 $a_i, i \in \mathbb{N}$ が，**コーシー列**（または**基本列**）であるとは，

$$\forall \varepsilon > 0,\ \exists N : \forall m, \forall n, m, n \geq N \Longrightarrow |a_m - a_n| < \varepsilon$$

が成り立つことである．

注意

コーシー列とは，十分大きな番号に対しては，点列の要素それぞれの距離が小さくなるものである．いわば，収束しそうな点列である．実際に収束するか

どうかは，考えている全体の空間 A がどんな空間であるかによる．たとえば，$A=(0,1)$ のとき，点列 $a_n=\dfrac{1}{n+1}, n\in\mathbb{N}$ を考えると，$a_n\in A, n\in\mathbb{N}$ である．この点列 $a_n, n\in\mathbb{N}$ を $\mathbb{R}$ の中のものと考えると，$a_n\to 0$ であり収束するが，$0\notin A$ であるから a_n は A の中の点列としては収束しない．

問題 2.5　収束する点列はコーシー列であることを示せ．

考え方

点列が収束するとき，大きな番号の点列の要素は収束先に近づいているのだから，点列の 2 つの要素の距離も小さくなるのは当然である．収束先からの距離を考えて，三角不等式を使えばよい．

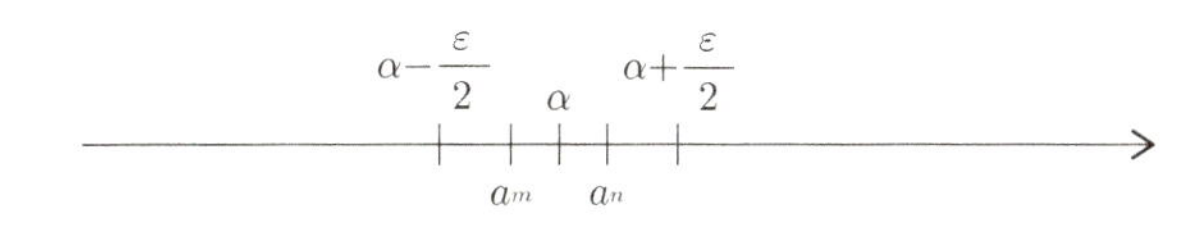

図 2.4　収束する点列はコーシー列

解

$a_n, n\in\mathbb{N}$ が α に収束するとする．収束の定義から，与えられた $\varepsilon>0$ に対して，　$\exists N;\forall n, n\geq N \Longrightarrow |a_n-\alpha|<\dfrac{\varepsilon}{2}$ が成り立つ．したがって，$m,n\geq N$ とすれば，$|a_m-\alpha|<\dfrac{\varepsilon}{2}$，　$|a_n-\alpha|<\dfrac{\varepsilon}{2}$ がともに成り立つ．三角不等式を用いて，$|a_m-a_n|=|a_m-\alpha+\alpha-a_n|\leq|a_m-\alpha|+|a_n-\alpha|<\dfrac{\varepsilon}{2}+\dfrac{\varepsilon}{2}=\varepsilon$ となる．これは $a_n, n\in\mathbb{N}$ がコーシー列であることを示している．□

問題 2.6　点列 $a_i, i \in \mathbb{N}, b_i, i \in \mathbb{N}$ を 2 つの $\mathbb{R}$ の中の収束する点列とする．このとき，点列 $a_i + b_i, i \in \mathbb{N}$ も収束することを示せ．

考え方

a_n が α に近づき，b_n が β に近づくなら，$a_n + b_n$ は $\alpha + \beta$ に近づくことは直感的には当たり前．いわば，誤差ともいうべきものに注目した次の式

$$|(a_n + b_n) - (\alpha + \beta)| = |(a_n - \alpha) + (b_n - \beta)| \leq |a_n - \alpha| + |b_n - \beta|$$

がポイント．

解

a_n が α に，b_n が β に収束するとする．$\varepsilon > 0$ とするとき，$a_n \to \alpha$ より，$\exists N_1 : n \geq N_1 \Longrightarrow |a_n - \alpha| < \dfrac{\varepsilon}{2}$. $b_n \to \beta$ より，$\exists N_2 : n \geq N_2 \Longrightarrow |b_n - \beta| < \dfrac{\varepsilon}{2}$. N_1 と N_2 の大きい方を N とする．すなわち，$N = \max\{N_1, N_2\}$. このとき $n \geq N$ なら，$n \geq N_1$ も $n \geq N_2$ もともに成り立つので，$|a_n - \alpha| < \dfrac{\varepsilon}{2}$，$|b_n - \beta| < \dfrac{\varepsilon}{2}$ がともに成り立つ．したがって，

$$|a_n + b_n - (\alpha + \beta)| = |a_n - \alpha + b_n - \beta| \leq |a_n - \alpha| + |b_n - \beta| < \frac{\varepsilon}{2} + \frac{\varepsilon}{2} = \varepsilon$$

となり，$a_n + b_n \to \alpha + \beta$ が示された．　□

コメント

ここで N_1 と N_2 を 1 つの N としてはいけない．数列が 2 つあるのだから収束の状況は異なり，番号 N は別々に決まる．

類題 2.6-1　点列 $a_i, i \in \mathbb{N}, b_i, i \in \mathbb{N}$ を 2 つの $\mathbb{R}$ の中の収束する点列とする．このとき，点列 $a_i - b_i, i \in \mathbb{N}$ も収束することを示せ．

問題 2.7 点列 $a_i, i \in \mathbb{N}$, $b_i, i \in \mathbb{N}$ を 2 つのコーシー列とする．このとき，点列 $a_i + b_i, i \in \mathbb{N}$ もコーシー列であることを示せ．

考え方

問題 2.6 と同様．

解

a_i, b_i がコーシー列であることから，$\varepsilon > 0$ に対して $\exists N_1 : \forall m, \forall n \geq N_1 \Longrightarrow |a_m - a_n| < \dfrac{\varepsilon}{2}$, $\exists N_2 : \forall m, \forall n \geq N_2 \Longrightarrow |b_m - b_n| < \dfrac{\varepsilon}{2}$ が成り立つ．$N = \max\{N_1, N_2\}$ とする．$m, n \geq N$ ならば，$m, n \geq N_1, m, n \geq N_2$ が成り立ち，

$$
\begin{aligned}
|(a_m + b_m) - (a_n + b_n)| &= |a_m - a_n + b_m - b_n| \\
&\leq |a_m - a_n| + |b_m - b_n| \\
&< \frac{\varepsilon}{2} + \frac{\varepsilon}{2} = \varepsilon
\end{aligned}
$$

となり，$a_i + b_i$ もコーシー列である． □

定義 2.5（有界） 点列 $a_i, i \in \mathbb{N}$ に対して，ある定数 $K > 0$ が存在して，$\forall i, a_i \leq K$ が成り立つとき，点列 $a_i, i \in \mathbb{N}$ は**上に有界**であるという．また，ある定数 $L > 0$ が存在して，$\forall i, -L \leq a_i$ が成り立つとき，点列 $a_i, i \in \mathbb{N}$ は**下に有界**であるという．上にも下にも有界なとき単に**有界**という．

問題 2.8 点列 $a_i, i \in \mathbb{N}$ が有界であることと，次が成り立つこととは同値であることを示せ．

$$\exists M > 0 : \forall i,\ |a_i| \leq M$$

解

$\Longrightarrow$) $a_i, i \in \mathbb{N}$ が有界であると仮定すると，定義から，$\exists K > 0 : \forall i, a_i \leq K$ と $\exists L > 0 : \forall i, -L \leq a_i$ が成り立つ．$M = \max\{K, L\}$ とする．このとき，

$\forall i, -M \leq -L \leq a_i \leq K \leq M$ が成り立つ．これは，$\forall i$, $|a_i| \leq M$ とも表せる．

$\Longleftarrow$) 逆に，$\exists M : \forall i$, $|a_i| \leq M$ が成り立てば，$\forall i$, $-M \leq a_i$ が成り立つから，下に有界である．同様に，$\forall i, a_i \leq M$ も成り立つから，上に有界である．□

問題 2.9　収束する点列は有界であることを示せ．

考え方

$a_n \to \alpha$ なら，N を十分大きくとれば，$n \geq N$ の a_n はすべて α との差が一定以下と考えてよい．N より小さい n は有限だから，$\{a_1, \cdots, a_{N-1}\}$ の最大値がある．N 以上の n については，a_n は α との差が一定以下なのだからいくらでも大きくはならない．

解

$a_n \to \alpha$ とする. 収束の定義での ε を 1 にとると, $\exists N : \forall n, n \geq N \Longrightarrow |a_n - \alpha| < 1$ が成り立つ. ここで $|a_n - \alpha| < 1$ より, $\alpha - 1 < a_n < \alpha + 1$ が成り立つ. すなわち, $n \geq N \Longrightarrow a_n < \alpha + 1$ である. $M = \max\{a_1, a_2, \cdots, a_{N-1}, \alpha + 1\}$ とすれば, $\forall n, a_n \leq M$ が成り立つ. したがって, $a_i, i \in \mathbb{N}$ は上に有界である. まったく同様に, $a_i, i \in \mathbb{N}$ が下に有界であることも示される. □

コメント

上の証明での数値 1 は正の数なら何でもよい．

類題 2.9-1　コーシー列は有界であることを示せ．

ヒント

問題 2.9 の α の代わりに, ある a_n を用いればよい．

注意

上の問題の逆は成り立たない．すなわち，有界な数列でもコーシー列でないものがある．たとえば，$a_i = (-1)^i$ は，すべての i に対して，$|a_i| \leq 1$ であるから，有界であるが，コーシー列ではない．もちろん，収束もしない．

問題 2.10　点列 $s_i = 1 + \frac{1}{2} + \frac{1}{3} + \cdots + \frac{1}{i}, i \in \mathbb{N}$ は収束しないことを示せ．

考え方

s_i が有界でないことを示す．$\frac{1}{3} + \frac{1}{4} > \frac{1}{4} + \frac{1}{4} = \frac{1}{2}, \frac{1}{5} + \frac{1}{6} + \frac{1}{7} + \frac{1}{8} > \frac{4}{8} = \frac{1}{2}, \frac{1}{9} + \frac{1}{10} + \frac{1}{11} + \frac{1}{12} + \frac{1}{13} + \frac{1}{14} + \frac{1}{15} + \frac{1}{16} > \frac{8}{16} = \frac{1}{2}$ のように考えて，s_i がいくらでも大きくなることがわかる．

解

一般に $\frac{1}{2^n+1} + \frac{1}{2^n+2} + \cdots + \frac{1}{2^n+2^n} > 2^n \cdot \frac{1}{2^{n+1}} = \frac{1}{2}$ が成り立つ．そこで，$N = 2^{n+1}$ とすると，$s_N = 1 + \frac{1}{2} + \left(\frac{1}{3} + \frac{1}{4}\right) + \left(\frac{1}{5} + \frac{1}{6} + \cdots + \frac{1}{8}\right) + \cdots + \left(\frac{1}{2^n+1} + \frac{1}{2^n+2} + \cdots + \frac{1}{2^n+2^n}\right) > 1 + \frac{1}{2} \cdot n$ となり，s_N はいくらでも大きくなることができ，有界ではない．したがって，収束しない． □

問題 2.11　コーシー列が収束する部分列をもてば，もとのコーシー列自身が収束することを示せ．

考え方

コーシー列は，番号を大きくすると互いの距離が小さくなる．収束する部分列以外の点列の点も番号を大きくすると収束する部分列の点と近くなるから，もとの点列も収束しそうである．それをきちんと書けばよい．

解

$a_i, i \in \mathbb{N}$ をコーシー列とし，$a_{i_k}, k \in \mathbb{N}$ を α に収束する部分列とする．$\varepsilon > 0$ とする．$a_i, i \in \mathbb{N}$ はコーシー列であったから，$\varepsilon > 0$ に対して，$\exists N : \forall m, \forall n,\ m, n \geq N \Longrightarrow |a_m - a_n| < \dfrac{\varepsilon}{2}$ が成り立つ．また，$a_{i_k}, k \in \mathbb{N}$ が α に収束するから，ε に対して，$\exists N' : \forall k, k \geq N' \Longrightarrow |a_{i_k} - \alpha| < \dfrac{\varepsilon}{2}$ が成り立つ．このとき，$i_{N'} < N$ であったなら，N' をさらに大きくとり直して，$i_{N'} \geq N$ が成り立つようにしておく．このとき，$n \geq i_{N'}$ ならば，$|a_n - \alpha| \leq |a_n - a_{i_{N'}}| + |a_{i_{N'}} - \alpha| < \dfrac{\varepsilon}{2} + \dfrac{\varepsilon}{2} = \varepsilon$ となる．ε は任意の正の数でよかったから，これは $a_n \to \alpha$ を示している．□

問題 2.12　点列 $a_i, i \in \mathbb{N}$, $b_i, i \in \mathbb{N}$ を $\mathbb{R}$ の中の2つの収束する点列とする．このとき，点列 $a_i \cdot b_i, i \in \mathbb{N}$ も収束することを示せ．

考え方

点列の積も和の場合と同じように考えたいが，そのままではうまくいかない．

$$|a_i \cdot b_i - \alpha \cdot \beta| = |a_i \cdot b_i - a_i \cdot \beta + a_i \cdot \beta - \alpha \cdot \beta| \leq |a_i||b_i - \beta| + |a_i - \alpha||\beta|$$

と，$a_i \cdot \beta$ を間に入れ，$|a_i|$ を定数でおさえたい．問題 2.9 を使えばよい．

解

$a_i \to \alpha, b_i \to \beta$ とする．まず，$\beta \neq 0$ の場合を考える．問題 2.9 より，$a_i, i \in \mathbb{N}$ は有界だから，$\exists M > 0 : \forall i, |a_i| \leq M$．$\varepsilon > 0$ とすると $a_i \to \alpha$ より，$\exists N_1 : \forall n, n \geq N_1 \Longrightarrow |a_n - \alpha| < \dfrac{1}{2|\beta|}\varepsilon$．また，$b_i \to \beta$ より，$\exists N_2 : \forall n, n \geq N_2 \Longrightarrow |b_n - \beta| < \dfrac{1}{2M}\varepsilon$．　$N = \max\{N_1, N_2\}$ とする．$n \geq N$ ならば, 上の2つの結論がともに成り立つから,

$$\begin{aligned}|a_n \cdot b_n - \alpha\beta| &= |a_n \cdot b_n - a_n\beta + a_n\beta - \alpha\beta| \leq |a_n||b_n - \beta| + |a_n - \alpha||\beta| \\ &\leq M|b_n - \beta| + |a_n - \alpha||\beta| \leq M\frac{\varepsilon}{2M} + |\beta|\frac{\varepsilon}{2|\beta|} = \frac{\varepsilon}{2} + \frac{\varepsilon}{2} = \varepsilon\end{aligned}$$

したがって $\beta \neq 0$ の場合には $a_n \cdot b_n \to \alpha\beta$ である．
$\beta = 0$ の場合は，上の式は1行目まではそのまま成り立ち，2行目の第1項が $\beta = 0$ から $|a_n \cdot b_n - \alpha\beta| \leq M|b_n - \beta| \leq \dfrac{\varepsilon}{2}$ となり，やはり $a_n \cdot b_n \to \alpha\beta$ である．□

コメント

$|a_n - \alpha| < \dfrac{1}{2|\beta|}\varepsilon$,　$|b_n - \beta| < \dfrac{1}{2M}\varepsilon$ としたのは，最後の結果がきれいに ε となるためであった，しかし，最初からどうとればよいかわかるわけではない．単に，$|a_n - \alpha| < \varepsilon$,　$|b_n - \beta| < \varepsilon$ とすると，結論は，$|a_n \cdot b_n - \alpha\beta| \leq M\varepsilon + \varepsilon|\beta| = (M + |\beta|)\varepsilon$ となる．ε が任意であるから，ε の定数倍である $(M + |\beta|)\varepsilon$ もいくらでも小さくとれるので，$a_n \cdot b_n \to \alpha\beta$ は示される．

類題 2.12-1　点列 $a_i, i \in \mathbb{N}, b_i, i \in \mathbb{N}$ を2つのコーシー列とする．このとき，点列 $a_i \cdot b_i, i \in \mathbb{N}$ もコーシー列であることを示せ．

問題 2.13　点列 $a_i, i \in \mathbb{N}$ が α に収束し，$\alpha \neq 0$ とする．

(1) $\alpha > 0$ なら，有限個の i を除いて，$a_i > 0$ であることを示せ．また，$\alpha < 0$ なら有限個の i を除いて $a_i < 0$ であることを示せ．

(2) (1) より，$\alpha > 0$ なら $\exists N \in \mathbb{N} : \forall n, n \geq N \implies a_n > 0$. そこで，$b_n = \dfrac{1}{a_{N+i}}$, $i \in \mathbb{N}$ が定義できる．このとき，$b_i, i \in \mathbb{N}$ は $\dfrac{1}{\alpha}$ に収束することを示せ．

考え方

$\left|b_i - \dfrac{1}{\alpha}\right| = \left|\dfrac{1}{a_{N+i}} - \dfrac{1}{\alpha}\right| = \dfrac{|\alpha - a_{N+i}|}{|a_{N+i}||\alpha|}$ が成り立つから，(2) では $\dfrac{1}{|a_{N+i}|}$ を定数でおさえたい．十分大きな i に対してのことだから，$a_i \to \alpha$ を用いることができる．

解

(1) $\alpha > 0$ の場合を考える．$a_i \to \alpha$ より，$\exists N : \forall n, n \geq N \Longrightarrow |a_n - \alpha| < \dfrac{\alpha}{2}$. したがって，$-\dfrac{\alpha}{2} < a_n - \alpha$, すなわち，$a_n > \alpha - \dfrac{\alpha}{2} = \dfrac{\alpha}{2} > 0$. $\alpha < 0$ のとき，上の議論での $\dfrac{\alpha}{2}$ を $-\dfrac{\alpha}{2}$ に代える．$a_n - \alpha < -\dfrac{\alpha}{2}$ より，$a_n < \alpha - \dfrac{\alpha}{2} < 0$ となる．

(2) (1) より，$|a_{N+i}| > \dfrac{|\alpha|}{2}$ だから，$\dfrac{1}{|a_{N+i}|} < \dfrac{1}{\frac{|\alpha|}{2}} = \dfrac{2}{|\alpha|}$. したがって，

$$\left| b_i - \frac{1}{\alpha} \right| = \left| \frac{1}{a_{N+i}} - \frac{1}{\alpha} \right| = \frac{|\alpha - a_{N+i}|}{|a_{N+i}|\,|\alpha|} < \frac{2}{|\alpha|^2} |\alpha - a_{N+i}|.$$

$i \to \infty$ のとき，$a_{N+i} \to \alpha$ だから，$b_i \to \dfrac{1}{\alpha}$ も成り立つ．□

問題 2.14　点列 $a_i, i \in \mathbb{N}$ に対して，

$$\exists r : 0 < r < 1,\ |a_{i+1} - a_i| \leq r|a_i - a_{i-1}|,\ i = 2, 3, \cdots$$

が成り立つなら，$a_i, i \in \mathbb{N}$ はコーシー列であることを示せ．

考え方

三角不等式を繰り返して用いる．$m > n$ としたとき，

$$\begin{aligned}
|a_m - a_n| &\leq |a_m - a_{m-1}| + |a_{m-1} - a_n| \\
&\leq |a_m - a_{m-1}| + |a_{m-1} - a_{m-2}| + |a_{m-2} - a_n| \\
&\ \ \vdots \\
&\leq |a_m - a_{m-1}| + |a_{m-1} - a_{m-2}| + \cdots + |a_{n+1} - a_n|.
\end{aligned}$$

また，仮定より，

$$|a_{k+1} - a_k| \leq r|a_k - a_{k-1}| \leq r^2|a_{k-1} - a_{k-2}| \leq \cdots \leq r^{k-1}|a_2 - a_1|.$$

この 2 つと等比級数の和の公式を用いればよい．

解

$m > n \geq N$ とする（このとき，N はまだ与えない．後で決める）．

$$\begin{aligned}|a_m - a_n| &\leq |a_m - a_{m-1}| + |a_{m-1} - a_n| \\ &\leq |a_m - a_{m-1}| + |a_{m-1} - a_{m-2}| + |a_{m-2} - a_n| \\ &\ \vdots \\ &\leq |a_m - a_{m-1}| + |a_{m-1} - a_{m-2}| + \cdots + |a_{n+1} - a_n|.\end{aligned}$$

ここで，最後の式の各項について

$$|a_{k+1} - a_k| \leq r|a_k - a_{k-1}| \leq r^2|a_{k-1} - a_{k-2}| \leq \cdots \leq r^{k-1}|a_2 - a_1|$$

が成り立つから，

$$\begin{aligned}|a_m - a_n| &\leq r^{m-2}|a_2 - a_1| + r^{m-3}|a_2 - a_1| + \cdots + r^{n-1}|a_2 - a_1| \\ &= r^{n-1}(1 + r + \cdots + r^{m-n-1})|a_2 - a_1| \\ &= r^{n-1}\frac{1 - r^{m-n}}{1 - r}|a_2 - a_1| \\ &< \frac{r^{n-1}}{1 - r}|a_2 - a_1| \leq \frac{r^{N-1}}{1 - r}|a_2 - a_1|.\end{aligned}$$

$r < 1$ より，$\varepsilon > 0$ に対して $\frac{r^{N-1}}{1 - r}|a_2 - a_1| < \varepsilon$ となる N は存在する．このように N を決めれば，$a_i, i \in \mathbb{N}$ はコーシー列であることの定義を満たす．□

注意

$\lim_{i\to\infty} |a_{i+1} - a_i| = 0$ であっても，$a_i, i \in \mathbb{N}$ は収束するとは限らない．たとえば，$a_i = 1 + \frac{1}{2} + \frac{1}{3} + \cdots + \frac{1}{i}$ は収束しない（問題 2.10）が，$\lim_{i\to\infty} |a_{i+1} - a_i| = \lim_{i\to\infty} \frac{1}{i+1} = 0$ である．したがって，$\lim_{i\to\infty} |a_{i+1} - a_i| = 0$ であってもコーシー列とは限らない．

2.3　実数の連続性

「実数直線に隙間がない」という性質を「実数の連続性」という．「実数の連続性」は，実数全体 $\mathbb{R}$ がもっている重要な性質であって，大学での微積分では，通常，このことを議論の出発点として認める.「実数の連続性」を論理的に表現する方法はいくつもあり，それらは「実数の連続性の公理」と呼ばれる. 以下にそれらを述べるが，まず，関連して重要な概念である「上限」,「下限」について述べる.

2.3.1　上限と下限

上限（下限）は集合が最大値（最小値）をもたないときに，その代わりを果たす重要な概念である. まず，最大値，最小値を定義する.

定義 2.6（最大値）　$A \subset \mathbb{R}$ に対して，次の性質をもつ $\alpha \in \mathbb{R}$ を A の **最大値** という.

(M_1) $\forall a \in A,\ a \leq \alpha$
(M_2) $\alpha \in A$

問題 2.15　A が最大値をもつなら，それは一意的であることを示せ.

考え方

最大値が2つあるとしても一致することを (M_1), (M_2) を用いて導く.

解

α, β がともに，A の最大値であるとする. α に対する (M_2) から，$\alpha \in A$ であり，β に対する (M_1) を用いて $\alpha \leq \beta$ が成り立つ. α と β を入れ替えて同じ議論をすれば，$\beta \leq \alpha$ が成り立つ. 結局 $\alpha = \beta$ である. □

注意

定義 2.6 の不等号の向きを逆にすると**最小値**の定義となる.

類題 2.15-1　A が最小値をもつならば，それは一意的であることを示せ.

注意

A は常に最大値をもつわけではない．A が上に有界でない，すなわち，A がいくらでも大きい要素をもつときは，A は最大値をもたない．たとえば，$A_1 = [a, \infty)(= \{x \mid a \leq x\})$ の場合である．また，$A_2 = [0, 1) = \{x \mid 0 \leq x < 1\}$ も最大値をもたない．なぜなら，$\alpha < 1$ とすると，α と 1 の間にも数が存在し，α は (M_1) を満たさない．しかし，$\alpha \geq 1$ とすると $\alpha \notin A_2$ であり，(M_2) を満たさない．

定義 2.7（上界） $A \subset \mathbb{R}$ に対して，上の (M_1) を満たす α を A の **上界** という．また，上界をもつ集合 A を **上に有界** という．

注意

不等号の向きを逆にして，**下に有界**の概念が得られる．

コメント

A が上界をもつ場合，α が A の上界なら，$\alpha < \alpha'$ なる α' はすべての A の上界であるから，A の上界は 1 つには定まらない．しかし，最も小さな上界は 1 つしかない．

定義 2.8（上限） $A \subset \mathbb{R}$ に対して，次の性質をもつ $\alpha \in \mathbb{R}$ を A の **上限**（または，**最小上界**）と呼ぶ．

(S_1) $\forall a \in A,\ a \leq \alpha$

(S_2) $\forall \varepsilon > 0,\ \exists x \in A : \alpha - \varepsilon < x$

コメント

上の (S_1) は，(M_1) とまったく同じである．(S_2) は，α より少しでも小さい数は A の上界ではないこと，すなわち，α が最小の上界であることをいっている．

上限，上界などの定義で，不等号の向きを逆にすると，**下界**，**下限**（または**最大下界**）などの概念が得られる．また A の上限を $\sup A$ と表し，A の下限を $\inf A$ と表す．

問題 2.16　A が最大値をもつならば，$\max A = \sup A$ であることを示せ．

考え方

$\max A$ が $\sup A$ の定義を満たすことを調べればよい．

解

$\alpha = \max A$ とする．α に対して，(S_1) は (M_1) と同じだから成り立つ．(S_2) は，$\alpha \in A$ であるから，$\varepsilon > 0$ が何であっても，$\alpha - \varepsilon < \alpha$ は成り立つ．したがって，(S_2) での x として α をとればよい．□

問題 2.17　A の上限が存在するなら，一意的であることを示せ．

考え方

A の上限が 2 つあるとして，一致することを示す．

解

α, β を A の上限とする．α に対する (S_2) より，$\forall\varepsilon > 0,\ \exists x \in A : \alpha - \varepsilon < x$．次に，$\beta$ に対する (S_1) を用いて，$x \in A$ より $x \leq \beta$ が成り立つ．前の命題とあわ

せて，$\forall\varepsilon > 0,\ \exists x \in A : \alpha - \varepsilon < x \leq \beta$. 途中を省略すると $\forall\varepsilon > 0,\ \alpha - \varepsilon \leq \beta$. ここで，仮に $\beta < \alpha$ とすると，$\varepsilon = \dfrac{\alpha - \beta}{2} > 0$ として，$\alpha - \dfrac{\alpha - \beta}{2} \leq \beta$ が得られる．しかし，これは $(\alpha - \beta) - \dfrac{1}{2}(\alpha - \beta) \leq 0$ を意味し，$\alpha - \beta \leq 0$, すなわち $\alpha \leq \beta$ となり矛盾．したがって，$\alpha \leq \beta$ である．α と β の立場を逆にして，今と同じ議論を行うと $\beta \leq \alpha$ が得られるので，$\alpha = \beta$ である．□

コメント

上の議論で，“$\forall\varepsilon > 0, \alpha - \varepsilon \leq \beta$” の後を「したがって，$\lim_{\varepsilon \to 0}(\alpha - \varepsilon) \leq \beta$ も成り立ち，$\alpha \leq \beta$」としてもよい（問題 2.2 参照）．

類題 2.17-1　A が下限をもつなら，一意的であることを示せ．

問題 2.18　$A, B \subset \mathbb{R}$ がともに上限をもつとき，$A \subset B \Longrightarrow \sup A \leq \sup B$ が成り立つことを示せ．

考え方

$\sup B$ が A の上界であることを示す．

解

$x \in A$ なら $x \in B$ であり，$x \leq \sup B$. すなわち，$\sup B$ は A のひとつの上界．したがって，$\sup A \leq \sup B$. □

類題 2.18-1　$A, B \subset \mathbb{R}$ がともに下限をもつとき，$A \subset B \Longrightarrow \inf B \leq \inf A$ が成り立つことを示せ．

問題 2.19　A が上限をもち，B が下限をもつとする．このとき，

$$(\forall a \in A,\ \forall b \in B,\ a \leq b) \Longrightarrow \sup A \leq \inf B$$

が成り立つことを示せ．

考え方

もし，A が最大値，B が最小値をもつときは，$(\max A =) \sup A \in A$，$(\min B =) \inf B \in B$ だから，仮定自身が $\sup A \leq \inf B$ をいっている．上限の定義では，最大値の定義における (M_2) に当たるのが (S_2) だから，(S_2) をうまく用いて証明する．すべての $a \in A$，$b \in B$ に対して $a \leq b$ が成り立つ．2 つの変数を 1 度に動かすのはわかりにくいので，まず b を固定して議論する．そのあとで，$b \in B$ も動かす．

解

$b \in B$ とする．仮定から，$\forall a \in A, a \leq b$ が成り立つから，$\sup A \leq b$ である．b は B の要素なら何でもよかったから，$\forall b \in B, \sup A \leq b$ が成り立つ．これは，$\sup A$ が B の下界であることを意味する．$\inf B$ は最大下界であったから $\sup A \leq \inf B$ が成り立つ．□

類題 2.19-1　A, B が上限をもつとき，

$$(\forall a \in A, \exists b \in B : a \leq b) \Longrightarrow \sup A \leq \sup B$$

を示せ．

ヒント

$\forall a \in A, a \leq \sup B$ を示せばよい．仮定と $\forall b \in B,\ b \leq \sup B$ が成り立つことを用いる．

2.3.2　実数の連続性

さて，実数の連続性の公理を述べる．

●公理 1（区間縮小法）　閉区間の列 $A_i = [a_i, b_i] \subset \mathbb{R}, (a_i \leq b_i), i \in \mathbb{N}$ が縮小区間列，すなわち $A_1 \supset A_2 \supset \cdots \supset A_i \supset A_{i+1} \supset \cdots$ となっているとき，$\bigcap_{i \in \mathbb{N}} A_i \neq \emptyset$ である．

●公理 2（上限の存在）　上に有界な空でない集合 $A \subset \mathbb{R}$ は，必ず上限 $\sup A$ をもつ．

●公理 3（単調有界な数列は収束する）　$a_i \in \mathbb{R}, i \in \mathbb{N}$ が次の条件を満たすなら，a_i は収束する．

(1) $a_1 \leq a_2 \leq \cdots \leq a_i \leq a_{i+1} \leq \cdots$
(2) $\exists M : \forall i \in \mathbb{N}, a_i \leq M$

●公理 4（コーシー列は収束する）　$\mathbb{R}$ の中のコーシー列は必ず収束する．

●公理 5（ボルツァーノ・ワイエルシュトラスの定理）　閉区間内の点列は収束する部分列をもつ．

●公理 6（デデキントの切断）　$A, B \subset \mathbb{R}$ が，次の条件を満たすとする．
(1) $\mathbb{R} = A \cup B,\ A \neq \emptyset,\ B \neq \emptyset$,　　(2) $\forall a \in A,\ \forall b \in B,\ a < b$.
このとき，A が最大値をもつか，B が最小値をもつかのいずれか一方が成り立つ．

コメント

上の公理 1〜公理 6 はすべて同値であり，どれも「実数の連続性の公理」と呼ばれる．

問題 2.20　「公理 1 ⇒ 公理 2」 を示せ.

考え方

区間縮小法を用いて，閉区間を次々と半分ずつに分けてゆく方法がよく使われる，A の上界を含むような縮小する閉区間の列をつくる.

解　$A \neq \emptyset$ より $\exists a_1 \in A$. A は上に有界だから，$\exists b_1 \in \mathbb{R}$: A の上界. このとき，$a_1 \leq b_1$ である. $A_1 = [a_1, b_1]$ とする. 次に $A \cap \left[\dfrac{a_1+b_1}{2}, b_1\right] = \emptyset$ か $A \cap \left[\dfrac{a_1+b_1}{2}, b_1\right] \neq \emptyset$ であるかによって場合分けをする.

(1) $A \cap \left[\dfrac{a_1+b_1}{2}, b_1\right] = \emptyset$ の場合 $a_2 = a_1$,　$b_2 = \dfrac{a_1+b_1}{2}$ とする.

　$A \cap \left[\dfrac{a_1+b_1}{2}, b_1\right] \neq \emptyset$ の場合 $a_2 = \dfrac{a_1+b_1}{2}$,　$b_2 = b_1$ とする.

　$A_2 = [a_2, b_2]$ とする.

　どちらの場合も $A_1 \supset A_2, A_2 \cap A \neq \emptyset$ であり，b_2 は A の上界である.

　次に A_1 の代わりに A_2 について同様に考える.

(2) $A \cap \left[\dfrac{a_2+b_2}{2}, b_2\right] = \emptyset$ の場合 $a_3 = a_2$,　$b_3 = \dfrac{a_2+b_2}{2}$ とする.

$A \cap \left[\dfrac{a_2+b_2}{2}, b_2\right] \neq \emptyset$ の場合 $a_3 = \dfrac{a_2+b_2}{2}$,　$b_3 = b_2$ とする.

　$A_3 = [a_3, b_3]$ とする. このとき $A_2 \supset A_3, A_3 \cap A \neq \emptyset$ であり，b_3 は A の上界

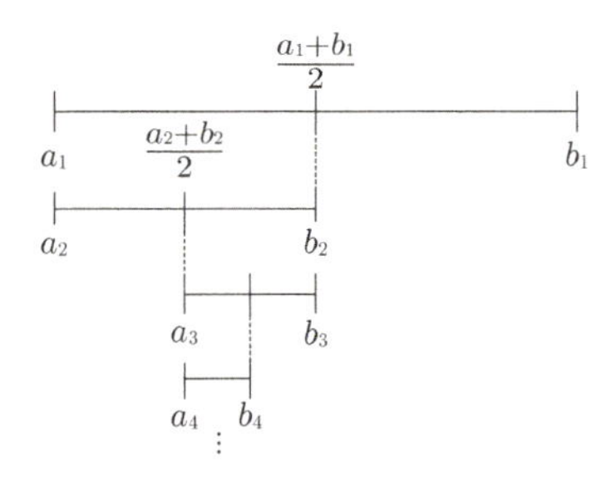

図 2.5　区間縮小法

である.

この議論を繰り返して $A_n = [a_n, b_n]$ まで決めたとして，A_{n+1} を次のように決める.

(n) $A \cap \left[\dfrac{a_n + b_n}{2}, b_n\right] = \emptyset$ の場合 $a_{n+1} = a_n$, $b_{n+1} = \dfrac{a_n + b_n}{2}$ とする.

$A \cap \left[\dfrac{a_n + b_n}{2}, b_n\right] \neq \emptyset$ の場合 $a_{n+1} = \dfrac{a_n + b_n}{2}$, $b_{n+1} = b_n$ とする.

$A_{n+1} = [a_{n+1}, b_{n+1}]$ とする.

このようにして縮小する区間の列 $A_i, i \in \mathbb{N}$ が得られる．そして決め方から, b_n は A の上界であり, $A_n \cap A \neq \emptyset$. 公理 1 より，$\bigcap_{i \in \mathbb{N}} A_i \neq \emptyset$. この場合 $\bigcap_{i \in \mathbb{N}} A_i$ は 1 点からなる集合である．なぜなら, $b_n - a_n = \left(\dfrac{1}{2}\right)^{n-1}(b_1 - a_1)$ であるから, $\lim_{n \to \infty}(b_n - a_n) = 0$. もし，$\alpha, \beta \in \bigcap_{i \in \mathbb{N}} A_i, \alpha < \beta$ とすると，$\beta - \alpha > \left(\dfrac{1}{2}\right)^{N-1}(b_1 - a_1) = b_N - a_N$ となる $N \in \mathbb{N}$ が必ず存在する．閉区間 A_N の長さは $\beta - \alpha$ より小さくなり，α と β の両方を含むことはできず，$\alpha, \beta \in \bigcap_{i \in \mathbb{N}} A_i$ に反する．結局，$\bigcap_{i \in \mathbb{N}} A_i$ は 1 点からなる集合である.

$\bigcap_{i \in \mathbb{N}} A_i = \{\alpha\}$ とする．α が A の上限であることを示す.

(S_1) $\forall a \in A$, $a \leq \alpha$ が成り立たないとすると，$\exists a_0 \in A : a_0 > \alpha$ が成り立つ．$\alpha \in \bigcap_{i \in \mathbb{N}} A_i$ より，$\forall n, a_n \leq \alpha \leq b_n$ が成り立つ．$\lim_{n \to \infty}(b_n - a_n) = 0$ より，$\exists n_0 \in \mathbb{N} : b_{n_0} - a_{n_0} < a_0 - \alpha$. したがって，$\alpha \in A_{n_0}$ で A_{n_0} の長さは $a_0 - \alpha$ より小さいので，$a_0 \notin A_{n_0}$ である．すなわち，$b_{n_0} < a_0$. これは b_{n_0} が A の上界であることに反する．したがって，(S_1) が成り立つ.

(S_2) $\varepsilon > 0$ とする，$\lim_{n \to \infty}(b_n - a_n) = 0$ より，十分大きな $n_1 \in \mathbb{N}$ をとれば, $b_{n_1} - a_{n_1} < \varepsilon$. $A_{n_1} \cap A \neq \emptyset$ より，$\exists x \in A : a_{n_1} \leq x \leq b_{n_1}$. また，$a_{n_1} \leq \alpha \leq b_{n_1}$ だから, $\alpha - x \leq b_{n_1} - a_{n_1} < \varepsilon$ が成り立つ．これは, $\forall \varepsilon > 0, \exists x \in A : \alpha - \varepsilon < x$ を意味するので, (S_2) が示された．α が (S_1), (S_2) の条件を満たしたので，$\alpha = \sup A$ である. □

問題 2.21 「公理 2 ⇒ 公理 3」 を示せ.

考え方

単調有界な数列 $a_i, i \in \mathbb{N}$ を集合 $\{a_i \,|\, i \in \mathbb{N}\}$ として考えると，公理 2 よりその上限 α が存在する．数列 a_i が α に収束することを示す．

解

$A = \{a_i \,|\, i \in \mathbb{N}\} \subset \mathbb{R}$ とする．公理 3 の仮定 (2) より，A は上に有界であり，$A \neq \emptyset$ であるから，公理 2 より $\alpha = \sup A$ が存在する，$\varepsilon > 0$ に対して，上限の定義の (S_2) より，$\exists x \in A : x > \alpha - \varepsilon$ である．$A = \{a_i | i \in \mathbb{N}\}$ であったから，上のことは，$\exists N : a_N > \alpha - \varepsilon$ とも表される．公理 3 の仮定 (1)（単調性）より，$n \geq N$ ならば，$a_n \geq a_N > \alpha - \varepsilon$ が成り立つ．また，上限の定義の (S_2) より，$\forall n, a_n \leq \alpha$ は成り立つ．結局，$n \geq N$ ならば，$\alpha - \varepsilon \leq a_n \leq \alpha < \alpha + \varepsilon$ が成り立つ．まとめると，$\varepsilon > 0$ に対して，ある N が存在して，$n \geq N \Rightarrow |\alpha - a_n| < \varepsilon$ が成り立つので，$a_n, n \in \mathbb{N}$ は α に収束する．□

問題 2.22　「公理 2 ⇒ 公理 6」　を示せ．

考え方

A は上に有界，B は下に有界だから，$\sup A$，$\inf B$ が存在する．このとき，$\sup A \in A$ か $\inf B \in B$ のどちらか一方が成り立つことを示せばよい．

解

公理 6 の仮定より，B のどの要素 b も A の上界なので，A は空でなく上に有界となり，公理 2 より，$\sup A$ が存在する．同様に，$\inf B$ も存在する．$\sup A \in A$ の場合，$\sup A = \max A$ となり A が最大値をもつ．$\sup A \notin A$ の場合，$\mathbb{R} = A \cup B$ より，$\sup A \in B$．したがって，$\inf B \leq \sup A$，一方，問題 2.19 より，$\sup A \leq \inf B$ であったから $\sup A = \inf B$ となり，$\inf B \in B$，すなわち，B が最小値をもつ．□

類題 2.22-1　「公理 1 ⇒ 公理 5 を示せ．」

ヒント

区間縮小法を用いて, 収束する部分列を選ぶ.

類題 2.22-2 「公理 5 $\Rightarrow$ 公理 4」を示せ.

ヒント

コーシー列は有界であること，コーシー列は収束する部分列をもてば収束することを用いればよい.

コメント

公理 4 によって，$\mathbb{R}$ の中ではコーシー列は収束する．一般的に，定義から収束する点列はコーシー列であったから，$\mathbb{R}$ の中ではコーシー列であることと収束することとは同値である．

類題 2.22-3 「公理 4$\Rightarrow$ 公理 5」を示せ.

ヒント

閉区間 A の中の点列を $a_i, i \in \mathbb{N}$ とする．a_i の部分列でコーシー列となるものを選べばよい．A を 2 等分して得られる 2 つの区間のうちどちらかは無限個の a_i を含む．その区間を A_1 とする．すると，$a_{i_k}, k = 1, 2, 3, \cdots \in A_1$ が得られる．このとき，$b_1 = a_{i_1} \in A_1$ とする．a_{i_k} と A_1 に対して同じ議論をして，A_1 の半分の長さの区間 A_2 と a_{i_k} の部分列 $a_{i_{k_j}} \in A_2$ を得る．ここで，$b_2 = a_{i_{k_1}} \in A_2$ とする．以下，くり返して，A_i と $b_i \in A_i$ が得られ，A_i の長

さは $\left(\frac{1}{2}\right)^i \cdot$（$A$ の長さ）である．b_i が求めるコーシー列になる．

問題 2.23　「公理 5 ⇒ 公理 3」を示せ．

考え方

単調な点列の部分列が収束すれば，もとの点列も収束することを示せばよい．

解

単調有界な数列を $a_i, i \in \mathbb{N}$ とする．すなわち，

(1) $a_1 \leq a_2 \leq \cdots \leq a_i \leq a_{i+1} \leq \ldots$

(2) $\exists M : \forall i, a_i \leq M$

が成り立つ．すべての $a_i \in [a_1, M]$ だから，公理 5 から a_i の部分列 $a_{i_k}, k \in \mathbb{N}$ で収束するものがある．そこで，a_{i_k} が α に収束するとする．$a_{i_k} \leq M$ より $\alpha \leq M$ が成り立つ．また，$\forall i, a_i \leq \alpha$ である．もし，$a_{n_0} > \alpha$ とすると，$\forall n \geq n_0$ に対して $a_n \geq a_{n_0} > \alpha$ となり，a_{i_k}はα に収束しない．$\varepsilon > 0$ とすると，$\exists K : \forall k,\ k \geq K \Longrightarrow |a_{i_k} - \alpha| < \varepsilon$. $n \geq i_k$ とすれば，$a_n \geq a_{i_k}$ だから $\alpha - a_n \leq \alpha - a_{i_k} < \varepsilon$ となる．これは，$a_n \to \alpha$ を意味する．□

問題 2.24　「公理 3 ⇒ 公理 1」　を示せ．

考え方

数列 $a_i, i \in \mathbb{N}$ に注目すれば，公理 3 よりある数 α に収束する．$\alpha \in \bigcap_{i \in \mathbb{N}} A_i$ を示せばよい．

解

$A_i \supset A_{i+1}$ より $a_i \leq a_{i+1}$ であり，$A_1 \supset A_i$ より $a_i \leq b_i \leq b_1$ である．すなわち，$a_i, i \in \mathbb{N}$ は公理3の仮定を満たす．したがって，a_i はある数 $\alpha \in \mathbb{R}$ に収束する．まず，$\forall i, a_i \leq \alpha$ である．なぜなら，$\exists n_1 : \alpha < a_{n_1}$ とすると，$\forall n \geq n_1, \alpha < a_{n_1} \leq a_n$ となり，a_n が α に収束することに反する．また，$\forall i, \alpha \leq b_i$ も成り立つ．なぜなら，$\exists n_2 : b_{n_2} < \alpha$ とすると，a_n が α に収束することから，十分大きな n_3 に対して，$b_{n_2} < a_{n_3} < \alpha$ が成り立つ．このとき，$n_3 \geq n_2$ ととれば $A_{n_2} \supset A_{n_3}$ より，$a_{n_3} \leq b_{n_3} \leq b_{n_2}$ であり矛盾が生じる．結局，$\forall i, a_i \leq \alpha \leq b_i$ が成り立つから，$\alpha \in \bigcap_{i \in \mathbb{N}} A_i$ である． □

問題 2.25　「公理 6⇒ 公理 2」を示せ．

考え方

A を上に有界，$A \neq \emptyset$ とする．

$$A' = \{x \in \mathbb{R} \mid \exists a \in A : x \leq a\}, \qquad B = \{x \in \mathbb{R} \mid \forall a \in A, a < x\}$$

としたとき，$A' \cup B = \mathbb{R}$，$\forall a \in A', \forall b \in B, a \leq b$ を示し，公理6を用いる．

解

A を上に有界な集合で，$A \neq \emptyset$ とする．$A' = \{x \in \mathbb{R} \mid \exists a \in A : x \leq a\}, B = \{x \in \mathbb{R} \mid \forall a \in A, a < x\}$ とする．このとき，$(A')^c = \{x \in \mathbb{R} \mid \neg(\exists a \in A, x \leq a)\}$ だから，$A' \cup B = \mathbb{R}$, また，$x \in A'$ なら $\exists a : a \in A, x \leq a$. さらに，$y \in B$ なら，$x \leq a < y$ が成り立つ．ここで公理6より，A' が最大値をもつか B が最小値をもつ．A' が最大値 α をもつ場合，$A \subset A'$ だから $\forall x \in A, x \leq \alpha$ が成り立つ．また，$\varepsilon > 0$ とすると，$\exists a' \in A' : \alpha - \varepsilon < a'$. A' の定義より，$\exists a \in A : a' \leq a$. したがって，$\alpha - \varepsilon < a$. 今示した2つのことから，$\alpha$ は A の上限である．

B が最小値 β をもつ場合，$\beta \in B$ だから，$\forall a \in A, a \leq \beta$ は成り立つ．$\varepsilon > 0$ とすると，$\beta - \varepsilon \notin B$ だから $\beta - \varepsilon \in A'$ であり，$\exists a_0 \in A : \beta - \varepsilon \leq a_0$. したがって，$\beta$ は A の上限である． □

コメント

今までの問題と類題で図 2.6 に示す矢印が得られる．したがって，公理 1 から公理 6 はすべて同値である．

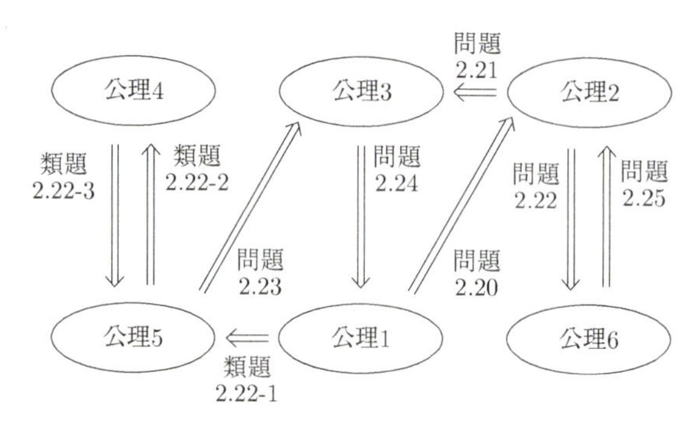

図 2.6　同値の証明

第3章 ユークリッド空間

3.1 ユークリッド空間

実数全体を $\mathbb{R}$ で表す．$\mathbb{R}$ の2点 x, y の距離 $d(x,y)$ は，$d(x,y) = |x-y|$ で与えられる．

また，2つの実数の組 (x_1, x_2) 全体の集合を $\mathbb{R}^2$ で表す．すなわち，

$$\mathbb{R}^2 = \{(x_1, x_2) \,|\, x_1 \in \mathbb{R}, x_2 \in \mathbb{R}\}.$$

$\mathbb{R}^2$ の2点 $\boldsymbol{x} = (x_1, x_2), \boldsymbol{y} = (y_1, y_2)$ の距離 $d(\boldsymbol{x}, \boldsymbol{y})$ は

$$d(\boldsymbol{x}, \boldsymbol{y}) = \sqrt{(x_1 - y_1)^2 + (x_2 - y_2)^2}$$

で与えられる．

また，3つの実数の組 (x_1, x_2, x_3) 全体の集合を $\mathbb{R}^3$ で表す．すなわち，

$$\mathbb{R}^3 = \{(x_1, x_2, x_3) \,|\, x_1 \in \mathbb{R}, x_2 \in \mathbb{R}, x_3 \in \mathbb{R}\}.$$

$\mathbb{R}^3$ の2点 $\boldsymbol{x} = (x_1, x_2, x_3), \boldsymbol{y} = (y_1, y_2, y_3)$ の距離 $d(\boldsymbol{x}, \boldsymbol{y})$ は

$$d(\boldsymbol{x}, \boldsymbol{y}) = \sqrt{(x_1 - y_1)^2 + (x_2 - y_2)^2 + (x_3 - y_3)^2}$$

で与えられる．

通常，距離だけでなく次のように与えられる内積を考え，この内積を考えた $\mathbb{R}^1$ を1次元ユークリッド空間，$\mathbb{R}^2$ を2次元ユークリッド空間，$\mathbb{R}^3$ を3次元ユークリッド空間と呼ぶ．

$\mathbb{R}^1$ の2つの要素 x, y の内積 (x, y) は，単純に，

$$(x, y) = xy$$

で与えられる．$\mathbb{R}^2$ の2つの要素 $\boldsymbol{x} = (x_1, x_2), \boldsymbol{y} = (y_1, y_2)$ の内積 $(\boldsymbol{x}, \boldsymbol{y})$ は，

$$(\boldsymbol{x}, \boldsymbol{y}) = x_1 y_1 + x_2 y_2$$

で与えられる．$\mathbb{R}^3$ の2つの要素 $\boldsymbol{x} = (x_1, x_2, x_3), \boldsymbol{y} = (y_1, y_2, y_3)$ の内積 $(\boldsymbol{x}, \boldsymbol{y})$

は，

$$(\boldsymbol{x}, \boldsymbol{y}) = x_1y_1 + x_2y_2 + x_3y_3$$

で与えられる．

もちろん，$\mathbb{R}^1$ を実数直線，$\mathbb{R}^2$ を 2 次元平面，$\mathbb{R}^3$ を 3 次元空間と考えてよい．一般に，n 個の実数の組 $(x_1, x_2, \cdots, x_n)$ 全体の集合を $\mathbb{R}^n$ で表す．すなわち，$\mathbb{R}^n = \{(x_1, x_2, \cdots, x_n) \,|\, x_1 \in \mathbb{R}, x_2 \in \mathbb{R}, \cdots, x_n \in \mathbb{R}\}$. $\mathbb{R}^n$ の 2 点 $\boldsymbol{x} = (x_1, x_2, \cdots, x_n), \boldsymbol{y} = (y_1, y_2, \cdots, y_n)$ の**距離** $d(\boldsymbol{x}, \boldsymbol{y})$ は

$$d(\boldsymbol{x}, \boldsymbol{y}) = \sqrt{(x_1 - y_1)^2 + (x_2 - y_2)^2 + \cdots + (x_n - y_n)^2}$$

で，**内積** $(\boldsymbol{x}, \boldsymbol{y})$ は

$$(\boldsymbol{x}, \boldsymbol{y}) = x_1y_1 + x_2y_2 + \cdots + x_ny_n$$

で与えられる．この内積と距離を持った $\mathbb{R}^n$ を **n 次元ユークリッド空間**と呼ぶ．

ここで，どの場合も距離を内積を用いて表せば，$d(\boldsymbol{x}, \boldsymbol{y}) = \sqrt{(\boldsymbol{x} - \boldsymbol{y}, \boldsymbol{x} - \boldsymbol{y})}$ となっている．また，$\boldsymbol{x} \in \mathbb{R}^n$ の**長さ** $||\boldsymbol{x}||$ を $||\boldsymbol{x}|| = \sqrt{(\boldsymbol{x}, \boldsymbol{x})}$ によって定義する．

問題 3.1　（内積の性質）$\mathbb{R}^n$ 上の通常の内積 (,) について，次が成り立つことを確かめよ．

(1) $(\boldsymbol{x}, \boldsymbol{x}) \geq 0$, また，　$(\boldsymbol{x}, \boldsymbol{x}) = 0 \Longleftrightarrow \boldsymbol{x} = (0, \cdots, 0)$　　（正定値性）

(2) 任意の $\boldsymbol{x}_1, \boldsymbol{x}_2, \boldsymbol{y} \in \mathbb{R}^n, \lambda \in \mathbb{R}$ に対して，次に示す線形性が成り立つ．

$$(\boldsymbol{x}_1 + \boldsymbol{x}_2, \boldsymbol{y}) = (\boldsymbol{x}_1, \boldsymbol{y}) + (\boldsymbol{x}_2, \boldsymbol{y})$$
$$(\lambda\boldsymbol{x}, \boldsymbol{y}) = \lambda(\boldsymbol{x}, \boldsymbol{y})$$

(3) $(\boldsymbol{x}, \boldsymbol{y}) = (\boldsymbol{y}, \boldsymbol{x})$　　（対称性）

考え方

すべて，ほとんど当たり前．内積の定義に基づいて計算するだけ．

解

(1) $(\boldsymbol{x}, \boldsymbol{x}) = x_1x_1 + x_2x_2 + \cdots + x_nx_n = x_1^2 + x_2^2 + \cdots + x_n^2 \geq 0$. また，$(\boldsymbol{x}, \boldsymbol{x}) = 0$

なら，$x_1^2+x_2^2+\cdots+x_n^2=0$ だから，$x_1=x_2=\cdots=x_n=0$. すなわち，$\boldsymbol{x}=(0,\cdots,0)$ である．逆に，$\boldsymbol{x}=(0,\cdots,0)$ なら，$(\boldsymbol{x},\boldsymbol{x})=0^2+0^2+\cdots+0^2=0$.

(2) $\boldsymbol{x}_1=(x_{11},x_{12},\cdots,x_{1n})$，$\boldsymbol{x}_2=(x_{21},x_{22},\cdots,x_{2n})$，$\boldsymbol{y}=(y_1,y_2,\cdots,y_n)$ とする．

$$\begin{aligned}(\boldsymbol{x}_1+\boldsymbol{x}_2,\boldsymbol{y})&=\sum_{i=1}^{n}(x_{1i}+x_{2i})y_i=\sum_{i=1}^{n}x_{1i}y_i+\sum_{i=1}^{n}x_{2i}y_i\\&=(\boldsymbol{x}_1,\boldsymbol{y})+(\boldsymbol{x}_2,\boldsymbol{y})\end{aligned}$$

$$(\lambda\boldsymbol{x},\boldsymbol{y})=\sum_{i=1}^{n}\lambda x_iy_i=\lambda\sum_{i=1}^{n}x_iy_i=\lambda(\boldsymbol{x},\boldsymbol{y})$$

(3) $(\boldsymbol{x},\boldsymbol{y})=\displaystyle\sum_{i=1}^{n}x_iy_i=\sum_{i=1}^{n}y_ix_i=(\boldsymbol{y},\boldsymbol{x})$. □

類題 3.1-1　ベクトルの長さに関して，次の性質が成り立つ．

(1) $||\boldsymbol{x}||\geq 0$,　　$||\boldsymbol{x}||=0\Longleftrightarrow\boldsymbol{x}=(0,\cdots,0)$.

(2) $\lambda\in\mathbb{R}$ に対して，$||\lambda\boldsymbol{x}||=|\lambda|\cdot||\boldsymbol{x}||$.

●定理 3.1（シュヴァルツの不等式）　$\boldsymbol{x},\boldsymbol{y}\in\mathbb{R}^n$ に対して，$|(\boldsymbol{x},\boldsymbol{y})|\leq||\boldsymbol{x}||||\boldsymbol{y}||$ が成り立つ．

これは，よく使われる不等式である．

問題 3.2　シュヴァルツの不等式を証明せよ．

考え方

内積の性質より $(t\boldsymbol{x}-\boldsymbol{y},t\boldsymbol{x}-\boldsymbol{y})$ は t の 2 次式になる．この 2 次式に判別式の理論を適用する．この式は内積の性質から負にはならない．

解

$\boldsymbol{x}=(0,\cdots,0)$ なら，左辺 = 右辺 = 0.

$\boldsymbol{x}\neq(0,\cdots,0)$ として，t を変数とする2次式

$$\begin{aligned}(t\boldsymbol{x}-\boldsymbol{y},t\boldsymbol{x}-\boldsymbol{y})&\\ &=(t\boldsymbol{x},t\boldsymbol{x}-\boldsymbol{y})-(\boldsymbol{y},t\boldsymbol{x}-\boldsymbol{y})=(t\boldsymbol{x},t\boldsymbol{x})-(t\boldsymbol{x},\boldsymbol{y})-(\boldsymbol{y},t\boldsymbol{x})+(\boldsymbol{y},\boldsymbol{y})\\ &=t^2(\boldsymbol{x},\boldsymbol{x})-t(\boldsymbol{x},\boldsymbol{y})-t(\boldsymbol{y},\boldsymbol{x})+(\boldsymbol{y},\boldsymbol{y})=(\boldsymbol{x},\boldsymbol{x})t^2-2(\boldsymbol{x},\boldsymbol{y})t+(\boldsymbol{y},\boldsymbol{y})\end{aligned}$$

を考える．$(\boldsymbol{x},\boldsymbol{x})>0$，左辺 ≥ 0 だからこの2次式の判別式を D とすれば $D/4=(\boldsymbol{x},\boldsymbol{y})^2-(\boldsymbol{x},\boldsymbol{x})(\boldsymbol{y},\boldsymbol{y})\leq 0$．したがって，$(\boldsymbol{x},\boldsymbol{y})^2\leq||\boldsymbol{x}||^2||\boldsymbol{y}||^2$．すなわち，$|(\boldsymbol{x},\boldsymbol{y})|\leq||\boldsymbol{x}||||\boldsymbol{y}||$．これでシュヴァルツの不等式が証明された．□

問題 3.3　（距離の性質）距離 d について，次が成り立つことを示せ．

(D$_1$) $d(\boldsymbol{x},\boldsymbol{y})\geq 0,\qquad d(\boldsymbol{x},\boldsymbol{y})=0\Longleftrightarrow\boldsymbol{x}=\boldsymbol{y}$
(D$_2$) $d(\boldsymbol{x},\boldsymbol{y})=d(\boldsymbol{y},\boldsymbol{x})$
(D$_3$) $d(\boldsymbol{x},\boldsymbol{z})\leq d(\boldsymbol{x},\boldsymbol{y})+d(\boldsymbol{y},\boldsymbol{z})$

考え方

(D$_1$)，(D$_2$) は内積の性質から出る．(D$_3$) ではシュヴァルツの不等式を用いる．

解

(D$_1$) $d(\boldsymbol{x},\boldsymbol{y})=\sqrt{(\boldsymbol{x}-\boldsymbol{y},\boldsymbol{x}-\boldsymbol{y})}$ だから，$\sqrt{\ }$ の意味から負でない．
$d(\boldsymbol{x},\boldsymbol{y})=0$ とすると，$(\boldsymbol{x}-\boldsymbol{y},\boldsymbol{x}-\boldsymbol{y})=0$ だから，内積の正定値性から，
$\boldsymbol{x}-\boldsymbol{y}=(0,\cdots,0)$，すなわち，$\boldsymbol{x}=\boldsymbol{y}$.

(D$_2$) $d(\boldsymbol{y},\boldsymbol{x})=\sqrt{(\boldsymbol{y}-\boldsymbol{x},\boldsymbol{y}-\boldsymbol{x})}=\sqrt{(-1)^2(\boldsymbol{x}-\boldsymbol{y},\boldsymbol{x}-\boldsymbol{y})}=d(\boldsymbol{x},\boldsymbol{y})$.

(D$_3$) $\boldsymbol{a}=\boldsymbol{x}-\boldsymbol{y}$，$\boldsymbol{b}=\boldsymbol{y}-\boldsymbol{z}$ とおくと，$\boldsymbol{a}+\boldsymbol{b}=\boldsymbol{x}-\boldsymbol{z}$ であり，$d(\boldsymbol{x},\boldsymbol{z})\leq d(\boldsymbol{x},\boldsymbol{y})+d(\boldsymbol{y},\boldsymbol{z})$ は $\sqrt{(\boldsymbol{a}+\boldsymbol{b},\boldsymbol{a}+\boldsymbol{b})}\leq\sqrt{(\boldsymbol{a},\boldsymbol{a})}+\sqrt{(\boldsymbol{b},\boldsymbol{b})}$ となる．両辺は負ではないから，両辺を2乗した式 $(\boldsymbol{a}+\boldsymbol{b},\boldsymbol{a}+\boldsymbol{b})\leq(\boldsymbol{a},\boldsymbol{a})+2\sqrt{(\boldsymbol{a},\boldsymbol{a})(\boldsymbol{b},\boldsymbol{b})}+(\boldsymbol{b},\boldsymbol{b})$ を示せばよい．

$$\begin{aligned}(\boldsymbol{a}+\boldsymbol{b},\boldsymbol{a}+\boldsymbol{b})&=(\boldsymbol{a},\boldsymbol{a}+\boldsymbol{b})+(\boldsymbol{b},\boldsymbol{a}+\boldsymbol{b})=(\boldsymbol{a},\boldsymbol{a})+(\boldsymbol{a},\boldsymbol{b})+(\boldsymbol{b},\boldsymbol{a})+(\boldsymbol{b},\boldsymbol{b})\\ &=(\boldsymbol{a},\boldsymbol{a})+2(\boldsymbol{a},\boldsymbol{b})+(\boldsymbol{b},\boldsymbol{b})\leq(\boldsymbol{a},\boldsymbol{a})+2|(\boldsymbol{a},\boldsymbol{b})|+(\boldsymbol{b},\boldsymbol{b})\end{aligned}$$

ここで，シュヴァルツの不等式より $2|(\boldsymbol{a},\boldsymbol{b})| \leq 2||\boldsymbol{a}||\cdot||\boldsymbol{b}|| \leq 2\sqrt{(\boldsymbol{a},\boldsymbol{a})(\boldsymbol{b},\boldsymbol{b})}$ であるから，求める式が示された． □

注意

$d(\boldsymbol{x},\boldsymbol{z}) \leq d(\boldsymbol{x},\boldsymbol{y}) + d(\boldsymbol{y},\boldsymbol{z})$ は三角形の 2 辺の和が他の 1 辺より大きいか等しいことをいっていると見て**三角不等式**と呼ばれる．これは，次の形にも書き換えられる．$d(\boldsymbol{x},\boldsymbol{z}) - d(\boldsymbol{x},\boldsymbol{y}) \leq d(\boldsymbol{y},\boldsymbol{z})$，　$d(\boldsymbol{x},\boldsymbol{y}) - d(\boldsymbol{x},\boldsymbol{z}) \leq d(\boldsymbol{y},\boldsymbol{z})$．第 3 の式は $d(\boldsymbol{x},\boldsymbol{y}) \leq d(\boldsymbol{x},\boldsymbol{z}) + d(\boldsymbol{z},\boldsymbol{y})$ を変形したものである．まとめて，$|d(\boldsymbol{x},\boldsymbol{z}) - d(\boldsymbol{x},\boldsymbol{y})| \leq d(\boldsymbol{y},\boldsymbol{z})$ の形も三角不等式と呼ばれる．$\mathbb{R}^n$ の場合は次の式になる．$\|\boldsymbol{x}-\boldsymbol{z}\| \leq \|\boldsymbol{x}-\boldsymbol{y}\| + \|\boldsymbol{y}-\boldsymbol{z}\|$, $|\|\boldsymbol{x}-\boldsymbol{z}\| - \|\boldsymbol{x}-\boldsymbol{y}\|| \leq \|\boldsymbol{y}-\boldsymbol{z}\|$.

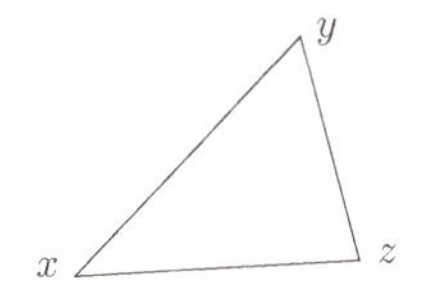

図 **3.1**　三角不等式

問題 3.4　$\boldsymbol{x},\boldsymbol{y} \in \mathbb{R}^n$ に対して，次の式が成り立つことを示せ．

$$|x_1 - y_1| + |x_2 - y_2| + \cdots + |x_n - y_n| \geq \|\boldsymbol{x}-\boldsymbol{y}\|.$$

考え方

両辺とも負にはならないから，2 乗して比べればよい．

解

左辺の 2 乗 $= \displaystyle\sum_{i=1}^{n} |x_i - y_i|^2 + 2\sum_{i>j} |x_i - y_i||x_j - y_j| \geq \sum_{i=1}^{n} |x_i - y_j|^2$

$=$ 右辺の 2 乗． □

類題 3.4-1　$\boldsymbol{x}, \boldsymbol{y} \in \mathbb{R}^n$ に対して，次が成り立つことを示せ．

$$|x_1 - y_1| + |x_2 - y_2| + \cdots + |x_n - y_n| \leq n\|\boldsymbol{x} - \boldsymbol{y}\|.$$

ヒント

$|x_i - y_i| \leq \|\boldsymbol{x} - \boldsymbol{y}\|$, $i = 1, 2, \cdots, n$ の両辺を加えればよい．

3.2　連続性

定義 3.1　（連続）　関数 $f : \mathbb{R} \to \mathbb{R}$ が a で**連続**であることを

$$\forall\varepsilon > 0, \exists\delta > 0 \,:\, \forall x, |x - a| < \delta \Longrightarrow |f(x) - f(a)| < \varepsilon$$

と定義する．f がすべての $a \in \mathbb{R}$ で連続であるとき，単に f が**連続**，あるいは f は**連続写像**であるという．

コメント

これは x を a に近づけていったとき，$f(x)$ も $f(a)$ に近づくということを定式化したものである．この命題の後半部分の命題の結論をよく注意してみると，結論は「ε より小さい」という形であり，仮定は「$\cdots$ より小さいならば」という形である．ある ε_0 に対して結論の部分が成り立てば，$\varepsilon > \varepsilon_0$ なる ε に対しては自動的に成り立つ．したがって，小さいほうが問題であるから「任意の ε に対して」は，「どんな小さな ε に対しても」と読みかえられる．仮定に関しては，「$\cdots < \delta$」の形だから，ある δ_0 について命題が成り立てば，それより小さい δ については当然成り立つ．したがって，「ある δ が存在して」は「十分小さな δ をとれば」と読みかえてもよい．

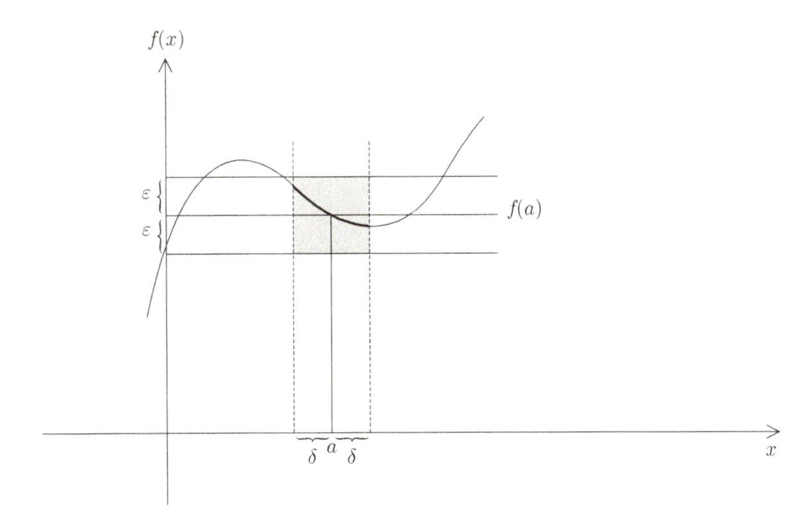

図 **3.2**　f は a で連続

▮定義 3.2▮（開球）　$\mathbb{R}^n$ での中心 $\boldsymbol{a}$，半径 r の**開球**は，次の式で定義される．

$$B_r(\boldsymbol{a}) = \{\boldsymbol{x} \in \mathbb{R}^n \mid d(\boldsymbol{x}, \boldsymbol{a}) < r\}.$$

コメント

開球の記号 $B_r(\boldsymbol{a}) \subset \mathbb{R}^n$ を定めたが，$n = 1$ のときは，開球 $B_r(a)$ は開区間 $(a - r, a + r)$ のことであり，$n = 2$ の場合は，開球は境界を含まない円盤，$n = 3$ の場合は，境界を含まない球の内部が開球である．

問題 3.5　連続の定義（定義 3.1）を次のように書き直してもよいことを示せ．

$$\forall \varepsilon > 0, \exists \delta > 0 : f(B_\delta(a)) \subset B_\varepsilon(f(a)) \cdots (*)$$

考え方

上の式で，コロン以下を書き直せばよい．

解

$(*)$ が成り立っているとする．$|x-a|<\delta$ ならば，$x \in B_\delta(a)$ だから $f(x) \in f(B_\delta(a)) \subset B_\varepsilon(f(a))$ が成り立つ．$f(x) \in B_\varepsilon(f(a))$ は $|f(x)-f(a)|<\varepsilon$ を意味する．

逆に，もとの定義（定義 3.1）が成り立つとする．$y \in f(B_\delta(a))$ とすると，$\exists x \in B_\delta(a) : y = f(x)$．このとき，$|x-a|<\delta$ より，$|f(x)-f(a)|<\varepsilon$ が成り立ち，$f(x) \in B_\varepsilon(f(a))$ である．結局，$f(B_\delta(a)) \subset B_\varepsilon(f(a))$ である．□

問題 3.6　$c \in \mathbb{R}$ を定数としたとき，$f : \mathbb{R} \to \mathbb{R}$ を，すべての $x \in \mathbb{R}$ に対して $f(x) = c$ と定めたとき，f は連続であることを示せ．このような f を定値写像と呼ぶ．

解

f が定値写像だから，すべての $x, a \in \mathbb{R}$ に対して，

$$|f(x) - f(a)| = |c - c| = 0$$

である．どんな $\varepsilon > 0$ に対しても，また，どんな $\delta > 0$ に対しても，

$$\forall x, |x-a| < \delta \Longrightarrow |f(x) - f(a)| = 0 < \varepsilon$$

が成り立つから，f は a で連続である．□

問題 3.7　$f : \mathbb{R} \to \mathbb{R}, \quad f(x) = 2x$ は任意の $a \in \mathbb{R}$ において連続である．

考え方

$\varepsilon > 0$ に対して，$|x-a| < \delta$ のとき $|2x - 2a| < \varepsilon$ が成り立つような δ を探す．$|2x-2a| = 2|x-a|$ より，$2\delta = \varepsilon$ とすればよい．

解

$\varepsilon > 0$ に対し，$\delta = \dfrac{\varepsilon}{2}$ とする．このとき $|x-a| < \delta$ ならば，$|f(x)-f(a)| = |2x-2a| = 2|x-a| < 2\delta = \varepsilon$. 定義を満たしているので，$f(x)$ は a で連続である． □

問題 3.8 $f:\mathbb{R}\to\mathbb{R}$, $f(x)=x^2$ は任意の $a\in\mathbb{R}$ において連続である．

考え方

$|x-a|<\delta$ ならば $|f(x)-f(a)| = |x^2-a^2| < \varepsilon$ となる δ を探す．

$$|x^2-a^2| = |(x+a)(x-a)| = |x+a||x-a| < |x+a|\delta.$$

よって，$|x+a|\delta \leq \varepsilon$ ならよい．しかし，$\delta = \dfrac{\varepsilon}{|x+a|}$ では δ は定数にならない．$x = a+x-a$ だから，三角不等式を用いて，$|x| \leq |a| + |x-a|$. さらに，

$$|x+a| \leq |x| + |a| \leq (|a|+|x-a|) + |a| = 2|a| + |x-a|.$$

したがって，$|x-a|<\delta$ ならば，$|x^2-a^2| \leq |x+a|\delta < (2|a|+\delta)\delta$ が成り立つ．$\delta \leq 1$, $(2|a|+1)\delta \leq \varepsilon$ が成り立つように δ を決めればよい．

解

$\varepsilon > 0$ に対し $\delta = \min\left\{1, \dfrac{\varepsilon}{2|a|+1}\right\}$ とする．三角不等式より $|x|-|a| \leq |x-a| < \delta \leq 1$ なので $|x| < |a|+1$. したがって，

$$\begin{aligned}|f(x)-f(a)| &= |x^2-a^2| = |x-a||x+a| \leq (|x|+|a|)|x-a| \\ &< (|a|+1+|a|)|x-a| < (2|a|+1)\delta \leq (2|a|+1)\frac{\varepsilon}{2|a|+1} = \varepsilon.\end{aligned}$$

以上より $f(x)$ は a で連続である． □

注意

最初に $\delta \leq 1$ としたのは $(2|a|+\delta)\delta < \varepsilon$ のままでは，δ の 2 次不等式でわかりにくいからである．δ は正の数で存在すればよいのだから，$\delta \leq 1$ の範囲で考えても一向にかまわない．もちろん 1 という値には特に意味はない．

問題 3.9　$I = \{x \mid x \neq 0, x \in \mathbb{R}\}$ とする．$f : I \to \mathbb{R}$, $f(x) = \dfrac{1}{x}$ は任意の $a \in I$ において連続であることを示せ．

考え方

$|x-a| < \delta$ のとき $\left|\dfrac{1}{x} - \dfrac{1}{a}\right| < \varepsilon$ が成り立つような δ を探す．

$$\left|\frac{1}{x} - \frac{1}{a}\right| = \left|\frac{a-x}{xa}\right| = \frac{|a-x|}{|x||a|} = \frac{|x-a|}{|x||a|}.$$

ここで，$\dfrac{1}{|x|}$ を定数で押さえたい．三角不等式より $|a-x| \leq |a|+|x|$, $|a|-|x| \leq |a-x|$ だから $|x| \geq ||a|-|a-x||$. したがって，$|x-a| < \dfrac{|a|}{2}$ とすれば，

$$\frac{1}{|x|} \leq \frac{1}{||a|-|a-x||} < \frac{1}{|a|-|a|/2} = \frac{2}{|a|}.$$

このとき，

$$\frac{|x-a|}{|x||a|} < \frac{\delta}{|x||a|} \leq \frac{2}{|a|}\frac{\delta}{|a|} = \frac{2\delta}{|a|^2}$$

であるから，$\delta = \min\left\{\dfrac{|a|}{2}, \dfrac{|a|^2\varepsilon}{2}\right\}$ とすればよい．

解

$\varepsilon > 0$ に対し，$\delta = \min\left\{\dfrac{|a|}{2}, \dfrac{|a|^2\varepsilon}{2}\right\}$ とする．$|x-a| < \delta$ とすると，三角不等式より $|a|-|x| \leq |x-a| < \delta$ だから，$|x| > |a|-\delta$. さらに，$\delta \leq \dfrac{|a|}{2}$ だから，$|x| > |a|-\delta \geq |a| - \dfrac{|a|}{2} = \dfrac{|a|}{2}$. ここで $x \in I$ に対し，$|x-a| < \delta$ のとき，

$$\left|\frac{1}{x} - \frac{1}{a}\right| = \frac{|x-a|}{|x||a|} < \frac{\delta}{|x||a|} < \frac{\delta}{\frac{|a|}{2}|a|} = \frac{2}{|a|^2}\delta < \frac{2}{|a|^2} \cdot \frac{|a|^2\varepsilon}{2} = \varepsilon.$$

以上より $f(x)$ は a で連続． □

注意

$a \in I$ より，$a \neq 0$. $|x-a| < \dfrac{|a|}{2}$ より，$x \neq 0$. したがって，解に出てくる式の分母は 0 にはならない.

> **問題 3.10**　関数 $f : \mathbb{R} \to \mathbb{R}$ が $a \in \mathbb{R}$ で連続で，関数 $g : \mathbb{R} \to \mathbb{R}$ が $f(a) \in \mathbb{R}$ で連続なとき，$g \circ f : \mathbb{R} \to \mathbb{R}$ は a で連続であることを示せ.

考え方

f が a で連続，g が $f(a)$ で連続なことより

$$\forall \varepsilon > 0,\ \exists \delta > 0 \ : \ |x-a| < \delta \Longrightarrow |f(x) - f(a)| < \varepsilon,$$

$$\forall \varepsilon > 0,\ \exists \delta > 0 \ : \ |f(x) - f(a)| < \delta \Longrightarrow |g(f(x)) - g(f(a))| < \varepsilon$$

が成り立つ. この 2 つから

$$\forall \varepsilon > 0, \exists \delta > 0 \ : \ |x-a| < \delta \Longrightarrow |(g \circ f)(x) - (g \circ f)(a)| < \varepsilon$$

が成り立つことを示す. ε が任意の正数なので，「1 番目の ε = 2 番目のδ」としてよい.

解

g が $f(a)$ で連続なことより

$$\forall \varepsilon > 0,\ \exists \delta_1 > 0 : \forall y, |y - f(a)| < \delta_1 \Longrightarrow |g(y) - g(f(a))| < \varepsilon.$$

一方，f が a で連続なことより，この δ_1 に対し，

$$\exists \delta > 0 : |x-a| < \delta \Longrightarrow |f(x) - f(a)| < \delta_1.$$

$y = f(x)$ として，この議論をつなげば，

$$\begin{aligned} \forall \varepsilon > 0, \exists \delta > 0 : |x-a| < \delta &\Longrightarrow |f(x) - f(a)| < \delta_1 \\ &\Longrightarrow |g(f(x)) - g(f(a))| < \varepsilon \end{aligned}$$

となり，$g \circ f$ は a で連続.　□

問題 3.11　写像 $f:\mathbb{R}\to\mathbb{R}$ と $g:\mathbb{R}\to\mathbb{R}$ が点 a で連続ならば，次の写像は点 a で連続であることを示せ．

(1) $f+g:\mathbb{R}\to\mathbb{R}$,　ただし，$(f+g)(x)=f(x)+g(x)$
(2) $cf:\mathbb{R}\to\mathbb{R}$,　ただし，$(cf)(x)=cf(x)$　（c は定数）
(3) $f\cdot g:\mathbb{R}\to\mathbb{R}$　ただし，$f\cdot g(x)=f(x)g(x)$

考え方

(1)　f,g が $a\in\mathbb{R}$ で連続だから，

$$\forall\varepsilon>0,\exists\delta>0:|x-a|<\delta\Longrightarrow|f(x)-f(a)|<\varepsilon$$

$$\forall\varepsilon'>0,\exists\delta'>0:|x-a|<\delta'\Longrightarrow|g(x)-g(a)|<\varepsilon'$$

が成り立つ．ε' は任意であるから ε と等しくしてもよい．ただしそのとき，$\delta'=\delta$ とはできない（f,g が異なると状況も違う）．上の結論が両方成り立つためには，$|x-a|<\delta,|x-a|<\delta'$ の両方が成り立てばよい．あとは，次の式による．

$$|(f+g)(x)-(f+g)(a)|=|(f(x)+g(x))-(f(a)+g(a))|$$
$$=|f(x)-f(a)+g(x)-g(a)|\leq|f(x)-f(a)|+|g(x)-g(a)|$$

解

(1)　f が $a\in\mathbb{R}$ で連続より，$\forall\varepsilon>0,\exists\delta_1>0:\forall x,\ |x-a|<\delta_1\Longrightarrow$ $|f(x)-f(a)|<\dfrac{\varepsilon}{2}$. また，この ε に対し，$\exists\delta_2>0:\forall x,|x-a|<\delta_2\Longrightarrow$ $|g(x)-g(a)|<\dfrac{\varepsilon}{2}$ が成り立つ．そこで，$\delta=\min\{\delta_1,\delta_2\}$ とする．このとき $|x-a|<\delta$ ならば，

$$|(f+g)(x)-(f+g)(a)|=|(f(x)+g(x))-(f(a)+g(a))|$$
$$=|(f(x)-f(a))+(g(x)-g(a))|\leq|f(x)-f(a)|+|g(x)-g(a)|$$
$$<\frac{\varepsilon}{2}+\frac{\varepsilon}{2}=\varepsilon.$$

よって，$f+g$ は a で連続である．

(2)　$c=0$ の場合は，$cf=0$（定値写像）であり，cf は連続．$c \neq 0$ とする．f が $a \in \mathbb{R}$ で連続であることの定義の ε は任意だったから，ε を $\dfrac{\varepsilon}{c}$ に代えた式も成り立つ．すなわち，$\exists \delta > 0 : \forall x, |x-a| < \delta \Longrightarrow |f(x)-f(a)| < \dfrac{\varepsilon}{|c|}$．このとき，$|x-a|<\delta$ ならば，$|(cf)(x)-(cf)(a)| = |cf(x)-cf(a)| = |c||f(x)-f(a)| < |c|\dfrac{\varepsilon}{|c|} = \varepsilon$．よって，$cf$ は a で連続である．□

考え方

(3)　$|(f \cdot g)(x)-(f \cdot g)(a)| = |f(x) \cdot g(x) - f(a) \cdot g(a)|$ と
$|f(x)-f(a)| \cdot |g(x)-g(a)|$ は等しくないので，少し工夫が要る．最初の式は，
$|f(x) \cdot g(x) - f(a) \cdot g(x) + f(a) \cdot g(x) - f(a) \cdot g(a)|$
$\leq |f(x)-f(a)||g(x)| + |f(a)||g(x)-g(a)|$ と変形できる．最後の式を ε でおさえたい．そのために，$g(x)$ を定数でおさえたい．g が a で連続なことより，$\varepsilon = 1$ として $\exists \delta > 0 : |x-a| < \delta \Longrightarrow |g(x)-g(a)| < 1$ が成り立つから，$|g(x)|-|g(a)| \leq |g(x)-g(a)| < 1$ より，$|g(x)| < |g(a)|+1$ とできる．

解

(3)　g は a で連続だから，その定義での ε を 1 として，

$$\exists \delta_1 : \forall x, |x-a| < \delta_1 \Longrightarrow |g(x)-g(a)| < 1$$

が成り立つ．したがって，$g(x) = g(x)-g(a)+g(a)$ より，$|g(x)| \leq |g(x)-g(a)| + |g(a)| \leq |g(a)|+1$．$f$ も a で連続だから，$\varepsilon > 0$ に対して，

$$\exists \delta_2 : \forall x, |x-a| < \delta_2 \Longrightarrow |f(x)-f(a)| < \frac{1}{|g(a)|+1} \cdot \frac{\varepsilon}{2}$$

が成り立つ．まず，$f(a) \neq 0$ の場合を考える．g も a で連続だから，同じ ε に対して，

$$\exists \delta_3 : \forall x, |x-a| < \delta_3 \Longrightarrow |g(x)-g(a)| < \frac{1}{|f(a)|} \cdot \frac{\varepsilon}{2}$$

が成り立つ．$\delta = \min\{\delta_1, \delta_2, \delta_3\}$ とすれば $\delta > 0$ で，$|x-a| < \delta$ ならば，

$$\begin{aligned}
|f\cdot g(x)-f\cdot g(a)| &= |f(x)g(x)-f(a)g(a)| \\
&= |f(x)g(x)-f(a)g(x)+f(a)g(x)-f(a)g(a)| \\
&\leq |f(x)-f(a)||g(x)|+|f(a)||g(x)-g(a)| \\
&\leq |f(x)-f(a)|(|g(a)|+1)+|f(a)||g(x)-g(a)| \\
&< \frac{1}{|g(a)|+1}\cdot\frac{\varepsilon}{2}\cdot(|g(a)|+1)+|f(a)|\cdot\frac{1}{|f(a)|}\cdot\frac{\varepsilon}{2} \\
&= \frac{\varepsilon}{2}+\frac{\varepsilon}{2}=\varepsilon
\end{aligned}$$

となり，$f\cdot g$ は a で連続である．$f(a)=0$ の場合は，下から3番目の式での第2項は消えて，$|f\cdot g(x)-f\cdot g(a)|<\dfrac{\varepsilon}{2}+0$ となるのでやはり連続である．　□

問題 3.12　$f:\mathbb{R}\to\mathbb{R}$ が $a\in\mathbb{R}$ で連続，点列 $a_n, n\in\mathbb{N}$ が a に収束するとする．このとき，$\displaystyle\lim_{n\to\infty}f(a_n)=f(a)$ が成り立つことを示せ．

考え方

f が a で連続とは，直感的には $|x-a|$ を小さくすれば $|f(x)-f(a)|$ も小さくなることであった．a_n が a に近づけば，$f(a_n)$ も $f(a)$ に近づきそうである．論理的に表現すると，$\forall\varepsilon>0,\exists N:\forall n, n\geq N\Longrightarrow|a_n-a|<\varepsilon$ から $\forall\varepsilon>0,\exists N:\forall n\,,\,n\geq N\Longrightarrow|f(a_n)-f(a)|<\varepsilon$ を示すことになる．

解

$\varepsilon>0$ とする．f が a で連続だから，

$$\exists\delta>0:\forall x,|x-a|<\delta\Longrightarrow|f(x)-f(a)|<\varepsilon\qquad\cdots(**)$$

が成り立つ．a_n が a に収束するから，上の $\delta>0$ に対して，$\exists N:\forall n,n\geq N\Longrightarrow|a_n-a|<\delta$. $n\geq N$ なら $(**)$ の x を a_n として，$|f(a_n)-f(a)|<\varepsilon$ が成り立つ．

まとめると，$\forall\varepsilon>0,\exists N:\forall n,n\geq N\Rightarrow|f(a_n)-f(a)|<\varepsilon$ が成り立つ．すなわち，$f(a_n)\to f(a)$.　□

定義 3.3 （連続） 関数 $f:\mathbb{R}^n \to \mathbb{R}^m$ が $\boldsymbol{a} \in \mathbb{R}^n$ で連続であるとは，

$$\forall\varepsilon > 0, \exists\delta > 0 : \forall\boldsymbol{x}, ||\boldsymbol{x} - \boldsymbol{a}|| < \delta \Longrightarrow ||f(\boldsymbol{x}) - f(\boldsymbol{a})|| < \varepsilon$$

が成り立つことである．

f がすべての $\boldsymbol{a} \in \mathbb{R}^n$ で連続のとき，f が**連続**あるいは f は**連続写像**であるという．

コメント

論理記号を言葉に直すと，上の式は「どんな正数 ε をとっても正数 δ が存在して，$\boldsymbol{x}$ と $\boldsymbol{a}$ の距離が δ より小さいならば，$f(\boldsymbol{x})$ と $f(\boldsymbol{a})$ の距離は ε より小さい」となる．

問題 3.13 上の連続の定義を次のように書き直してもよいことを示せ．

$$\forall\varepsilon > 0, \exists\delta > 0 : f(B_\delta(\boldsymbol{a})) \subset B_\varepsilon(f(\boldsymbol{a}))$$

考え方

問題 3.5 とまったく同じようにしてできる．

解

コロン以下の表現を変える．もとの定義（定義 3.3）は，

$$\forall\boldsymbol{x}, d(\boldsymbol{x}, \boldsymbol{a}) < \delta \Longrightarrow d(f(\boldsymbol{x}), f(\boldsymbol{a})) < \varepsilon$$

とも表され，記号を変えると，

$$\forall\boldsymbol{x}, \boldsymbol{x} \in B_\delta(\boldsymbol{a}) \Longrightarrow f(\boldsymbol{x}) \in B_\varepsilon(f(\boldsymbol{a}))$$

となり，これは，$f(B_\delta(\boldsymbol{a})) \subset B_\varepsilon(f(\boldsymbol{a}))$ と同じ意味である． □

問題 3.14 $f:\mathbb{R}^n \to \mathbb{R}^m$ が定値写像，すなわち，任意の $\boldsymbol{x} \in \mathbb{R}^n$ に対して，$f(\boldsymbol{x}) = \boldsymbol{c}$（定数）が成り立つとき，$f$ は連続であることを示せ．

解

任意の $\varepsilon > 0$ に対して，(たとえば，) $\delta = 1$ とすると，$\|\boldsymbol{x} - \boldsymbol{a}\| < \delta$ なる $\boldsymbol{x}$ に対して，$\|f(\boldsymbol{x}) - f(\boldsymbol{a})\| = \|\boldsymbol{c} - \boldsymbol{c}\| = 0 < \varepsilon$ が成り立つので，f は連続である． □

問題 3.15　$f : \mathbb{R}^n \to \mathbb{R}^m$ が連続のとき，点列 $\boldsymbol{x}_i, i \in \mathbb{N}$ に対して，$\boldsymbol{x}_i \to \boldsymbol{x}_0 \Longrightarrow f(\boldsymbol{x}_i) \to f(\boldsymbol{x}_0)$ が成り立つことを示せ．

考え方

問題 3.12 と同じ．

解

f が $\boldsymbol{x}_0$ で連続であるから，$\varepsilon > 0$ とすると，$\exists \delta > 0 : \forall \boldsymbol{x}, \boldsymbol{x} \in B_\delta(\boldsymbol{x}_0) \Longrightarrow f(\boldsymbol{x}) \in B_\varepsilon(f(\boldsymbol{x}_0))$．$\boldsymbol{x}_i \to \boldsymbol{x}_0$ より，上の $\delta > 0$ に対して，$\exists N : \forall i, i \geq N \Longrightarrow \boldsymbol{x}_i \in B_\delta(\boldsymbol{x}_0)$．したがって，$i \geq N$ ならば，$\boldsymbol{x}_i \in B_\delta(\boldsymbol{x}_0)$ であり，$f(\boldsymbol{x}_i) \in B_\varepsilon(f(\boldsymbol{x}_0))$ となる．これは，$\|f(\boldsymbol{x}_i) - f(\boldsymbol{x}_0)\| < \varepsilon$ を意味し，$f(\boldsymbol{x}_i) \to f(\boldsymbol{x}_0)$ である． □

問題 3.16　$f : \mathbb{R}^n \to \mathbb{R}^n$,　$f(\boldsymbol{x}) = 2\boldsymbol{x}$ は連続写像であることを示せ．

考え方

問題 3.7 と同じように考える．

解

$\varepsilon > 0$ に対して $\delta = \dfrac{\varepsilon}{2}$ とする．このとき $||\boldsymbol{x} - \boldsymbol{a}|| < \delta$ なら，$||f(\boldsymbol{x}) - f(\boldsymbol{a})|| = ||2\boldsymbol{x} - 2\boldsymbol{a}|| = 2||\boldsymbol{x} - \boldsymbol{a}|| < 2\delta = \varepsilon$ となり，f は $\boldsymbol{a}$ で連続である． □

類題 3.16-1　写像 $f:\mathbb{R}^n \to \mathbb{R}^m$ と $g:\mathbb{R}^n \to \mathbb{R}^m$ が点 $\boldsymbol{a}$ で連続ならば，次の写像は点 $\boldsymbol{a}$ で連続であることを示せ．

(1) $f+g:\mathbb{R}^n \to \mathbb{R}^m$ ただし，$(f+g)(\boldsymbol{x}) = f(\boldsymbol{x}) + g(\boldsymbol{x})$

(2) $cf:\mathbb{R}^n \to \mathbb{R}^m$ ただし，$(cf)(\boldsymbol{x}) = cf(\boldsymbol{x})$　（c は定数）

ヒント

問題 3.11 と同様にしてできる．

問題 3.17　$f:\mathbb{R}^2 \to \mathbb{R},\quad f((x_1,x_2)) = x_1$ は連続写像であることを示せ．

考え方

この写像は幾何学的に見れば射影である．距離は小さくなることはあっても大きくはならないから，ε に対して δ をそのまま ε としてよい．

解

$\varepsilon > 0$ に対して，$\delta = \varepsilon$ とする．$d((x_1,x_2),(y_1,y_2)) < \delta$ ならば，

$$\begin{aligned}|f((x_1,x_2)) - f((y_1,y_2))| &= |x_1 - y_1| \leq \sqrt{(x_1-y_1)^2 + (x_2-y_2)^2} \\ &= d((x_1,x_2),(y_1,y_2)) < \delta = \varepsilon\end{aligned}$$

となり f は (y_1,y_2) で連続である．今，(y_1,y_2) は任意でよいから f は連続写像である．□

問題 3.18　$f:\mathbb{R}^2 \to \mathbb{R},\quad f((x,y)) = x - y$ は連続写像であることを示せ．

考え方

直接計算してもよいが，いままでの結果を用いると簡単である．

解

問題 3.17 から，$f_1(x,y)=x$ は連続である．また同様に，$f_2(x,y)=y$ も連続である．類題 3.16-1(2) から f_2 の -1 倍も連続である．さらに，類題 3.16-1(1) から，$f=f_1+(-1)f_2$ も連続である． □

問題 3.19　$\boldsymbol{x}_0 \in \mathbb{R}^n$ に対して，$f:\mathbb{R}^n \to \mathbb{R}$，$f(\boldsymbol{x})=(\boldsymbol{x}_0,\boldsymbol{x})$（ここで，$(\boldsymbol{x}_0,\boldsymbol{x})$ は内積）と決めたとき，f は連続写像であることを示せ．

考え方

シュヴァルツの不等式より，$\|f(\boldsymbol{x})\|=|(\boldsymbol{x}_0,\boldsymbol{x})|\le\|\boldsymbol{x}_0\|\|\boldsymbol{x}\|$ が成り立つ．$\delta=\dfrac{\varepsilon}{\|\boldsymbol{x}_0\|}$ とすればよい．

解

$\boldsymbol{x}_0=\boldsymbol{0}=(0,\cdots,0)$ の場合は，$f(\boldsymbol{x})=(\boldsymbol{0},\boldsymbol{x})=0$ となり，定値写像なので連続．$\boldsymbol{x}\neq\boldsymbol{0}$ とする．$\boldsymbol{x},\boldsymbol{y}\in\mathbb{R}^n$ に対して，$d(f(\boldsymbol{x}),f(\boldsymbol{y}))=d((\boldsymbol{x}_0,\boldsymbol{x}),(\boldsymbol{x}_0,\boldsymbol{y}))=|(\boldsymbol{x}_0,\boldsymbol{x})-(\boldsymbol{x}_0,\boldsymbol{y})|=|(\boldsymbol{x}_0,\boldsymbol{x}-\boldsymbol{y})|\le\|\boldsymbol{x}_0\|\|\boldsymbol{x}-\boldsymbol{y}\|$ だから，$\varepsilon>0$ に対して，$\delta=\dfrac{\varepsilon}{\|\boldsymbol{x}_0\|}$ にとれば，$\|\boldsymbol{x}-\boldsymbol{y}\|<\delta\Longrightarrow d(f(\boldsymbol{x}),f(\boldsymbol{y}))<\varepsilon$ が成り立つので，f は連続である． □

問題 3.20 $A = \begin{pmatrix} a_{11} & \cdots & a_{1n} \\ \vdots & & \vdots \\ a_{m1} & \cdots & a_{mn} \end{pmatrix} = \begin{pmatrix} \boldsymbol{a}_1 \\ \vdots \\ \boldsymbol{a}_m \end{pmatrix}$ を m 行 n 列の行列，

$\boldsymbol{x} = \begin{pmatrix} x_1 \\ \vdots \\ x_n \end{pmatrix} \in \mathbb{R}^n$ とするとき，$f : \mathbb{R}^n \to \mathbb{R}^m$ を $f(\boldsymbol{x}) = A\boldsymbol{x} = \begin{pmatrix} (\boldsymbol{a}_1, \boldsymbol{x}) \\ (\boldsymbol{a}_2, \boldsymbol{x}) \\ \vdots \\ (\boldsymbol{a}_m, \boldsymbol{x}) \end{pmatrix}$

と決める．このとき f は連続写像であることを示せ．

考え方

ある定数 K に対して，$d(A\boldsymbol{x}, A\boldsymbol{y}) \leq Kd(\boldsymbol{x}, \boldsymbol{y})$ を示せばよい．シュヴァルツの不等式より，$|(\boldsymbol{a}_i, \boldsymbol{x})| \leq \|\boldsymbol{a}_i\|\|\boldsymbol{x}\|$ が成り立つから，

$$\|f(\boldsymbol{x})\| = \sqrt{\sum_{i=1}^{n} (\boldsymbol{a}_i, \boldsymbol{x})^2} \leq \sqrt{\sum_{i=1}^{n} \|\boldsymbol{a}_i\|^2 \|\boldsymbol{x}\|^2} = \sqrt{\sum_{i=1}^{n} \|\boldsymbol{a}_i\|^2}\ \|\boldsymbol{x}\|$$

となる．$K = \sqrt{\sum_{i=1}^{n} \|\boldsymbol{a}_i\|^2}$ とすれば，$\|f(\boldsymbol{x})\| \leq K\|\boldsymbol{x}\|$. $f(\boldsymbol{x}-\boldsymbol{y}) = A(\boldsymbol{x}-\boldsymbol{y}) = A\boldsymbol{x} - A\boldsymbol{y} = f(\boldsymbol{x}) - f(\boldsymbol{y})$ も成り立ち，

$$d(f(\boldsymbol{x}), f(\boldsymbol{y})) = \|f(\boldsymbol{x}) - f(\boldsymbol{y})\| = \|f(\boldsymbol{x} - \boldsymbol{y})\| \leq K\|\boldsymbol{x} - \boldsymbol{y}\| = Kd(\boldsymbol{x}, \boldsymbol{y}).$$

解

$K = \sqrt{\sum_{i=1}^{n} \|\boldsymbol{a}_i\|^2} \left(= \sqrt{\sum_{i=1}^{n} \sum_{j=1}^{m} a_{ij}^2} \right)$ とおき，$\|f(\boldsymbol{x})\| \leq K\|\boldsymbol{x}\|$ を示す．

$$\|f(\boldsymbol{x})\| = \|A\boldsymbol{x}\| = \left\| \begin{pmatrix} (\boldsymbol{a}_1, \boldsymbol{x}) \\ (\boldsymbol{a}_2, \boldsymbol{x}) \\ \vdots \\ (\boldsymbol{a}_n, \boldsymbol{x}) \end{pmatrix} \right\| = \sqrt{\sum_{i=1}^{m} (\boldsymbol{a}_i, \boldsymbol{x})^2}.$$ 内積に関するシュヴァルツの不等式を用いて，$\sqrt{\sum_{i=1}^{n} (\boldsymbol{a}_i, \boldsymbol{x})^2} \leq \sqrt{\sum_{i=1}^{n} \|\boldsymbol{a}_i\|^2 \|\boldsymbol{x}\|^2} = \sqrt{\sum_{i=1}^{n} \|\boldsymbol{a}_i\|^2} \|\boldsymbol{x}\|$ となるから，$\|f(\boldsymbol{x})\| \leq K\|\boldsymbol{x}\|$ が成り立つ．$\varepsilon > 0$ に対して，$\delta = \dfrac{\varepsilon}{K}$ とすれば，$d(\boldsymbol{x}, \boldsymbol{a}) < \delta$ のとき，

$$\begin{aligned} d(f(\boldsymbol{x}), f(\boldsymbol{a})) &= \|f(\boldsymbol{x}) - f(\boldsymbol{a})\| = \|A\boldsymbol{x} - A\boldsymbol{a}\| = \|A(\boldsymbol{x} - \boldsymbol{a})\| \\ &= \|f(\boldsymbol{x} - \boldsymbol{a})\| \leq K\|\boldsymbol{x} - \boldsymbol{a}\| = Kd(\boldsymbol{x}, \boldsymbol{a}) < K\delta = K \cdot \frac{\varepsilon}{K} = \varepsilon \end{aligned}$$

となり，f は $\boldsymbol{a}$ で連続である．□

問題 3.21　$f : \mathbb{R}^n \to \mathbb{R}^m$,　$f = (f_1, \cdots, f_m)$ が連続であることと，すべての $f_i : \mathbb{R}^n \to \mathbb{R}, (i = 1, \cdots, m)$ が連続であることとは同値であることを示せ．

考え方

$\Longrightarrow$) は，$|f_i(\boldsymbol{x}) - f_i(\boldsymbol{x})| \leq \|f(\boldsymbol{x}) - f(\boldsymbol{y})\|$ を用いる．

$\Longleftarrow$) は，$\|f(\boldsymbol{x}) - f(\boldsymbol{y})\| \leq |f_1(\boldsymbol{x}) - f_1(\boldsymbol{y})| + \cdots + |f_m(\boldsymbol{x}) - f_m(\boldsymbol{y})|$ を用いる．

解

$\Longrightarrow$) f の $\boldsymbol{a} \in \mathbb{R}^n$ での連続性より，$\forall\varepsilon > 0, \exists\delta > 0 : \forall\boldsymbol{x} \in \mathbb{R}^n, \|\boldsymbol{x} - \boldsymbol{a}\| < \delta \Longrightarrow \|f(\boldsymbol{x}) - f(\boldsymbol{a})\| < \varepsilon$. $f_i(\boldsymbol{x}) - f_i(\boldsymbol{y})$ はベクトル $f(\boldsymbol{x}) - f(\boldsymbol{y})$ の i 番目の成分だから，$|f_i(\boldsymbol{x}) - f_i(\boldsymbol{y})| \leq \|f(\boldsymbol{x}) - f(\boldsymbol{y})\|$ が成り立つ．したがって，上の式から，$\forall\varepsilon > 0, \exists\delta > 0 :\ \forall\boldsymbol{x} \in \mathbb{R}^n, \|\boldsymbol{x} - \boldsymbol{a}\| < \delta \Longrightarrow |f_i(\boldsymbol{x}) - f_i(\boldsymbol{a})| < \varepsilon$ も成り立つ．これは，f_i が $\boldsymbol{a} \in \mathbb{R}^n$ で連続であることを示している．

$\Longleftarrow$) 各 f_i が $\boldsymbol{a} \in \mathbb{R}^n$ で連続とする．f_1 が $\boldsymbol{a} \in \mathbb{R}^n$ で連続なことより，

$$\forall\varepsilon > 0, \exists\delta_1 > 0 : \forall\boldsymbol{x}, \|\boldsymbol{x} - \boldsymbol{a}\| < \delta_1 \Longrightarrow |f_1(\boldsymbol{x}) - f_1(\boldsymbol{a})| < \frac{\varepsilon}{m}$$

が成り立つ．同様に，f_i，$(2 \le i \le m)$ が $\boldsymbol{a} \in \mathbb{R}^n$ で連続であることより，

$$\exists \delta_i > 0 : \forall \boldsymbol{x}, \|\boldsymbol{x} - \boldsymbol{a}\| < \delta_i \Longrightarrow |f_i(\boldsymbol{x}) - f_i(\boldsymbol{a})| < \frac{\varepsilon}{m}$$

が成り立つ．$\delta = \min\{\delta_1, \delta_2, \cdots, \delta_n\}$ とすれば，$\delta > 0$ で，$\|\boldsymbol{x} - \boldsymbol{a}\| < \delta$ のとき，$|f_i(\boldsymbol{x}) - f_i(\boldsymbol{a})| < \dfrac{\varepsilon}{m}$ が，すべての i に対して成り立つから，問題 3.4 より，

$$\begin{aligned} \|f(\boldsymbol{x}) - f(\boldsymbol{a})\| &\le |f_1(\boldsymbol{x}) - f_1(\boldsymbol{a})| + |f_2(\boldsymbol{x}) - f_2(\boldsymbol{a})| + \cdots + |f_m(\boldsymbol{x}) - f_m(\boldsymbol{a})| \\ &< \frac{\varepsilon}{m} + \frac{\varepsilon}{m} + \cdots + \frac{\varepsilon}{m} = \varepsilon \end{aligned}$$

が成り立つ．これは f が $\boldsymbol{a}$ で連続であることを示している． □

3.3 近傍

定義 3.4（近傍） $U \subset \mathbb{R}^n$ が $\boldsymbol{a} \in \mathbb{R}^n$ の近傍であるとは，$\exists \delta > 0 : B_\delta(\boldsymbol{a}) \subset U$ が成り立つことをいう．

コメント

直感的にいえば，U が点 $\boldsymbol{a}$ の近傍とは，U が $\boldsymbol{a}$ の「周り」全部を含んでいることである．2 次元平面 $\mathbb{R}^2$ においては，自分の周囲全部の方向 360 度を含んでいることであり，3 次元空間 $\mathbb{R}^3$ では，それに加えて，上下の方向も含んでいることである． 定義 3.4 で，δ は存在しさえすればよく，いくら小さくてもよいことがポイントである．

近傍に関して，次の性質が成り立つ．なお，これらの性質を議論の出発点にとることもある．その場合には，以下の 4 つの性質を近傍の公理という．

(N_1) U が $\boldsymbol{a}$ の近傍であれば，$\boldsymbol{a} \in U$ である．
(N_2) U が $\boldsymbol{a}$ の近傍であり，$U \subset V$ ならば，V も $\boldsymbol{a}$ の近傍である．
(N_3) U, V が $\boldsymbol{a}$ の近傍であるならば，$U \cap V$ も $\boldsymbol{a}$ の近傍である．
(N_4) U が $\boldsymbol{a}$ の近傍のとき，次を満たす $\boldsymbol{a}$ の近傍 $V \subset U$ が存在する．
　　V の任意の点 $\boldsymbol{b}$ に対して V は $\boldsymbol{b}$ の近傍である．

コメント

「V の任意の点 $\boldsymbol{b}$ に対して V は $\boldsymbol{b}$ の近傍である」が成り立つような V を**開集合**と呼ぶ．これについては，後で詳しく述べる．

上の性質のうち，最初の 2 つ (N_1) と (N_2) は近傍の定義から当たり前である．

問題 3.22　上の性質の 3 番目 (N_3) と 4 番目 (N_4) を証明せよ．

考え方

(N_3) 定義に戻ればよい．

(N_4) $B_\delta(\boldsymbol{a})$ が V に必要な条件を満たしている．

解

(N_3) U が $\boldsymbol{a}$ の近傍であるから，$\exists \delta_1 > 0 : B_{\delta_1}(\boldsymbol{a}) \subset U$. 同様に，$V$ が $\boldsymbol{a}$ の近傍より，$\exists \delta_2 > 0 : B_{\delta_2}(\boldsymbol{a}) \subset V$. $\delta = \min(\delta_1, \delta_2)$ とすれば，$B_\delta(\boldsymbol{a}) \subset B_{\delta_1}(\boldsymbol{a}) \subset U$, $B_\delta(\boldsymbol{a}) \subset B_{\delta_2}(\boldsymbol{a}) \subset V$ が成り立つ．したがって，$B_\delta(\boldsymbol{a}) \subset U \cap V$ も成り立ち，$U \cap V$ も $\boldsymbol{a}$ の近傍である．

(N_4) U が $\boldsymbol{a}$ の近傍であるから，$\exists \delta > 0 : B_\delta(\boldsymbol{a}) \subset U$. $V = B_\delta(\boldsymbol{a})$ とすると，$\boldsymbol{a} \in B_\delta(\boldsymbol{a}) \subset V \subset U$ は当然成り立つ．近傍の定義から，V も $\boldsymbol{a}$ の近傍である．任意に $\boldsymbol{b} \in V$ をとると，$\|\boldsymbol{b} - \boldsymbol{a}\| < \delta$. そこで $\gamma = \delta - \|\boldsymbol{b} - \boldsymbol{a}\|$ とすると $\gamma > 0$ であり，$B_\gamma(\boldsymbol{b}) \subset V$ が成り立つ．なぜなら，$\boldsymbol{x} \in B_\gamma(\boldsymbol{b})$ とすると，$\|\boldsymbol{x} - \boldsymbol{b}\| < \gamma$ であるから，$\|\boldsymbol{x} - \boldsymbol{a}\| \leq \|\boldsymbol{x} - \boldsymbol{b}\| + \|\boldsymbol{b} - \boldsymbol{a}\| < \delta - \|\boldsymbol{b} - \boldsymbol{a}\| + \|\boldsymbol{b} - \boldsymbol{a}\| = \delta$ となり，$\boldsymbol{x} \in B_\delta(\boldsymbol{a})$ が成り立つ．すなわち，$B_\gamma(\boldsymbol{b}) \subset B_\delta(\boldsymbol{a}) = V$ であるから V は $\boldsymbol{b}$ の近傍である．　□

コメント

近傍の概念は，位相の考えの中でキーとなるものである．この概念は，いわばローカル（局所的）なものであり，これに対応するグローバル（大域的）な概念が「開集合」である．位相空間論では，すべての理論を「近傍」あるいは「開集合」の概念をもとに議論することができる．その意味で，これらの概念は非常に重要である．

写像の連続の定義を近傍の概念を用いて述べてみよう．

問題 3.23　写像 $f:\mathbb{R}^n \to \mathbb{R}^m$ が $\boldsymbol{a} \in \mathbb{R}^n$ で連続である必要十分条件は，「任意の $f(\boldsymbol{a})$ の近傍 U に対して，$f^{-1}(U)$ が $\boldsymbol{a}$ の近傍となる」が成り立つことである．

解

「もとの連続の定義（定義 3.3）$\Longrightarrow$ 近傍を用いた条件」を示す．

U を任意の $f(\boldsymbol{a})$ の近傍とする．近傍の定義から $\exists\varepsilon > 0 : B_\varepsilon(f(\boldsymbol{a})) \subset U$ が成り立つ．関数 $f:\mathbb{R}^n \to \mathbb{R}^m$ が $\boldsymbol{a} \in \mathbb{R}^n$ で連続より，この $\varepsilon > 0$ に対して，$\exists\delta > 0 : \forall\boldsymbol{x}, ||\boldsymbol{x} - \boldsymbol{a}|| < \delta \Longrightarrow ||f(\boldsymbol{x}) - f(\boldsymbol{a})|| < \varepsilon$ が成り立つ．すなわち，$\boldsymbol{x} \in B_\delta(\boldsymbol{a}) \Longrightarrow f(\boldsymbol{x}) \in B_\varepsilon(f(\boldsymbol{a}))$ が成り立つ．これは $B_\delta(\boldsymbol{a}) \subset f^{-1}(B_\varepsilon(f(\boldsymbol{a})))$ を意味し，$f^{-1}(B_\varepsilon(f(\boldsymbol{a})))$ は $\boldsymbol{a}$ の近傍である．したがって $f^{-1}(B_\varepsilon(f(\boldsymbol{a}))) \subset f^{-1}(U)$ より $f^{-1}(U)$ は $\boldsymbol{a}$ の近傍である．

逆に，近傍を用いた連続の条件が成り立つとする．任意の $\varepsilon > 0$ に対して，近傍の定義から $B_\varepsilon(f(\boldsymbol{a}))$ は $f(\boldsymbol{a})$ の近傍である．したがって，$f^{-1}(B_\varepsilon(f(\boldsymbol{a})))$ も $\boldsymbol{a}$ の近傍である．すなわち，$\exists\delta: B_\delta(\boldsymbol{a}) \subset f^{-1}(B_\varepsilon(f(\boldsymbol{a})))$ が成り立つ．最後の部分をいいかえると $f(B_\delta(\boldsymbol{a})) \subset B_\varepsilon(f(\boldsymbol{a}))$ となるから，結局 $\forall\varepsilon > 0, \exists\delta > 0 : f(B_\delta(\boldsymbol{a})) \subset B_\varepsilon(f(\boldsymbol{a}))$ が成り立つ．したがって，問題 3.13 よりもとの連続の定義が成り立つ．□

3.4　開集合と閉集合

定義 3.5（開集合）　$A \subset \mathbb{R}^n$ のとき，A が**開集合**であるとは

$$\forall\boldsymbol{a} \in A, \exists\delta > 0 \ : \ B_\delta(\boldsymbol{a}) \subset A$$

が成り立つことをいう．

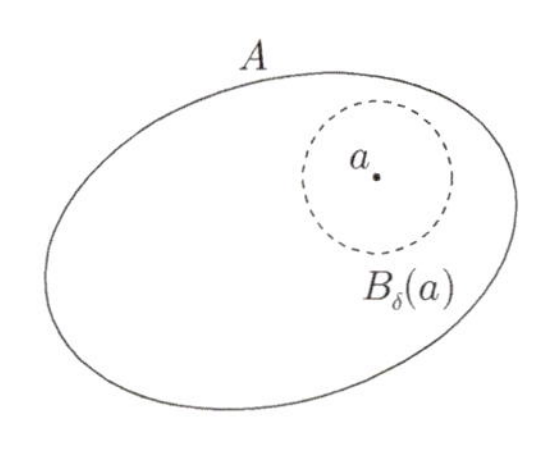

図 **3.3**　開集合

コメント

言葉でいえば，A が開集合ということは「A に属するすべての点に対して，その点の十分小さな周りも A に属する」ということである．近傍という言葉で開集合を表現すれば，「A が A のすべての点の近傍であるとき，A を開集合という」となる．ローカルな概念である「近傍」のグローバル化が「開集合」なのである．開集合の概念は位相空間論の出発点となる．「開集合」という言葉から，その内容を推し測ることは難しい．集合 A に境界線があって，その内側あるいは外側というような場合には，開集合とは境界を含まない集合であって，言葉の感じと合っている．しかし，いろいろな集合を扱うから，言葉の感じだけでは正しく理解できないことがある．いつも定義に戻る必要がある．

問題 3.24　$\mathbb{R}^n$ は開集合であることを示せ．

考え方

この場合 $\delta > 0$ が何であっても $B_\delta(\boldsymbol{a}) \subset \mathbb{R}^n$ は当然成り立つ．δ を具体的に1つ見せてしまえば簡単である．

解

$\forall \boldsymbol{a} \in \mathbb{R}^n, B_1(\boldsymbol{a}) \subset \mathbb{R}^n$ は成り立つ．よって，$\mathbb{R}^n$ は開集合である．□

問題 3.25 空集合 $\emptyset$ は開集合であることを示せ.

解

すべての $\boldsymbol{a} \in \emptyset$ に対して, $B_\delta(\boldsymbol{a}) \subset \emptyset$ となる $\delta > 0$ が存在することをいう. すなわち, $\forall \boldsymbol{a}, \boldsymbol{a} \in \emptyset \Longrightarrow \exists \delta > 0 : B_\delta(\boldsymbol{a}) \subset \emptyset$ をいう. この場合 $\boldsymbol{a} \in \emptyset$ となる $\boldsymbol{a}$ は存在しないので, $\forall \boldsymbol{a} \in \emptyset, \boldsymbol{a} \in \emptyset \Longrightarrow \exists \delta > 0 : B_\delta(\boldsymbol{a}) \subset \emptyset$ が成り立つ（表 0.1 を参照）. □

問題 3.26 $B_\delta(\boldsymbol{x})$ は開集合であることを示せ.

考え方

$\boldsymbol{a} \in B_\delta(\boldsymbol{x})$ に対して, $B_\gamma(\boldsymbol{a}) \subset B_\delta(\boldsymbol{x})$ となる $\gamma > 0$ を決めればよい. 図を描けば, γ をどのように決めればよいかすぐにわかる.

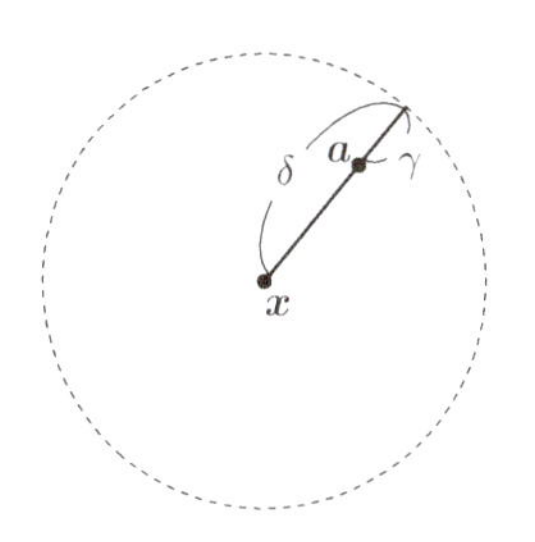

図 3.4 $B_\delta(\boldsymbol{x})$ は開集合

解

$\boldsymbol{a} \in B_\delta(\boldsymbol{x})$ に対して $\gamma = \delta - d(\boldsymbol{a}, \boldsymbol{x})$ とおくと $\gamma > 0$ である. ここで $\boldsymbol{y} \in B_\gamma(\boldsymbol{a})$ とすると, 三角不等式より $d(\boldsymbol{x}, \boldsymbol{y}) \leq d(\boldsymbol{x}, \boldsymbol{a}) + d(\boldsymbol{a}, \boldsymbol{y}) < d(\boldsymbol{x}, \boldsymbol{a}) + \gamma = \delta - \gamma + \gamma = \delta$. よって, $\boldsymbol{y} \in B_\delta(\boldsymbol{x})$. したがって, $B_\gamma(\boldsymbol{a}) \subset B_\delta(\boldsymbol{x})$. □

問題 3.27　$\boldsymbol{a} \in \mathbb{R}^n, r > 0$ のとき $A = \{\boldsymbol{x} \mid d(\boldsymbol{x}, \boldsymbol{a}) > r\}$ は開集合であることを示せ．

考え方

$\forall \boldsymbol{x} \in A,\ \exists \delta > 0 :\ B_\delta(\boldsymbol{x}) \subset A$ を示す．$\boldsymbol{x} \in A$ に対して，$\delta > 0$ をどのようにとるかがポイント．図を描く．$\delta = d(\boldsymbol{x}, \boldsymbol{a}) - r$ とすればよい．

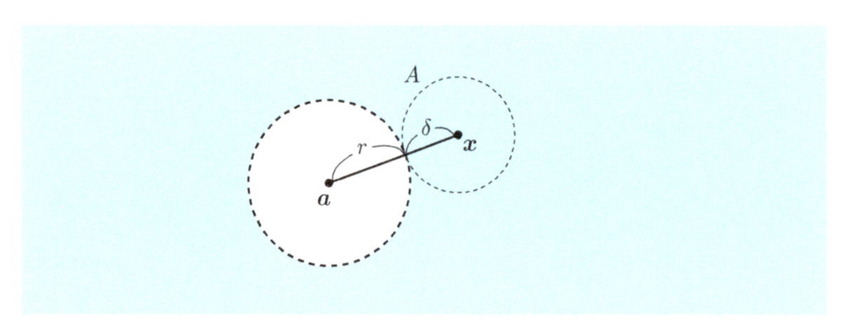

図 3.5　$A = \{\boldsymbol{x} | d(\boldsymbol{x}, \boldsymbol{a}) > r\}$ は開集合

解

$\boldsymbol{x} \in A$ とし，$\delta = d(\boldsymbol{x}, \boldsymbol{a}) - r > 0$ とおく．$\boldsymbol{y} \in B_\delta(\boldsymbol{x})$ とすると，$d(\boldsymbol{x}, \boldsymbol{y}) < \delta$. 三角不等式を用いて，$d(\boldsymbol{y}, \boldsymbol{a}) \geq d(\boldsymbol{x}, \boldsymbol{a}) - d(\boldsymbol{x}, \boldsymbol{y}) > d(\boldsymbol{x}, \boldsymbol{a}) - \delta = r$. よって，$\boldsymbol{y} \in A$ となり $B_\delta(\boldsymbol{x}) \subset A$. したがって A は開集合．□

問題 3.28　$A = (a_1, b_1) \times (a_2, b_2) \subset \mathbb{R}^2$ が開集合であることを示せ．

考え方

$\boldsymbol{x} = (x_1, x_2) \in A$ としたとき，$B_\delta(\boldsymbol{x}) \subset A$ となる δ を決める．図より $\delta = \min\{|x_1 - a_1|,\ |x_1 - b_1|,\ |x_2 - a_2|,\ |x_2 - b_2|\}$ とする．

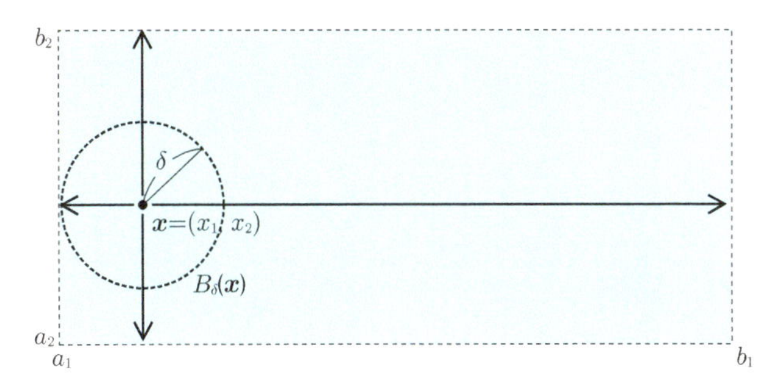

図 3.6　$A = (a_1, b_1) \times (a_2, b_2) \subset \mathbb{R}^2$ は開集合

解

$\boldsymbol{x} = (x_1, x_2) \in A$ に対して，$\delta = \min\{|x_1 - a_1|,\ |x_1 - b_1|,\ |x_2 - a_2|,\ |x_2 - b_2|\}$ とする．$\boldsymbol{y} = (y_1, y_2) \in B_\delta(\boldsymbol{x})$ としたとき，$\boldsymbol{y} \in A = (a_1, b_1) \times (a_2, b_2)$ を示す．$a_1 < x_1 < b_1$ で，$|y_1 - x_1| \leq d(\boldsymbol{x}, \boldsymbol{y}) < \delta \leq \min\{|x_1 - a_1|, |x_1 - b_1|\}$ だから，$a_1 < y_1 < b_1$ も成り立つ．y_2 についても同様にして，$a_2 < y_2 < b_2$ がわかり，$\boldsymbol{y} \in A$. したがって，$B_\delta(\boldsymbol{x}) \subset A$ であり，A は開集合である．□

問題 3.29　$H = \{(x, y) \mid y > x\}$ は開集合であることを示せ．

考え方

$(x_1, y_1) \in H$ に対して，H の境界である直線 $y = x$ と (x_1, y_1) との距離を半径とした開球を考えればよい．

解

$(x_1, y_1) \in H$ に対して，この点 (x_1, y_1) と直線 $y = x$ の距離を δ とおく．すなわち，$\delta = \dfrac{|x_1 - y_1|}{\sqrt{2}}$. このとき，$B_\delta((x_1, y_1)) \subset H$ を示す．$(x_2, y_2) \in B_\delta((x_1, y_1))$ とする．$(x_2, y_2) \in H$，すなわち，$y_2 - x_2 > 0$ を示す．

$$
\begin{aligned}
y_2 - x_2 &= (y_2 - y_1) + (y_1 - x_1) - (x_2 - x_1) \\
&\geq (y_1 - x_1) - |(y_2 - y_1) - (x_2 - x_1)|
\end{aligned}
$$

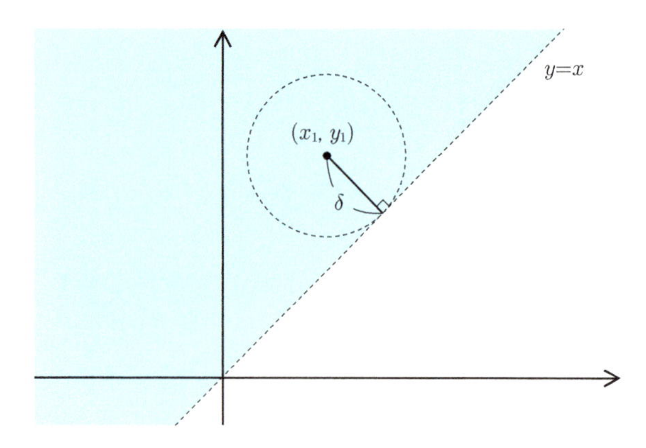

図 3.7　$H = \{(x, y) | y > x\}$ は開集合

ここで，$(x_1, y_1) \in H$，すなわち，$y_1 - x_1 > 0$. 一般に $A > 0$ で $|B| < A$ なら，$A - B > 0$ であるから，$|(y_2 - y_1) - (x_2 - x_1)| < (y_1 - x_1)$ が成り立てば，上の式より，$y_2 - x_2 > 0$ も成り立つ．$(x_2, y_2) \in B_\delta((x_1, y_1))$ より，$d((x_2, y_2), (x_1, y_1)) < \delta$ だから，

$$
\begin{aligned}
|(y_2 - y_1) - (x_2 - x_1)| &\leq |y_2 - y_1| + |x_2 - x_1| \leq \sqrt{2} d((x_1, y_1), (x_2, y_2)) \\
&< \sqrt{2}\delta \leq \sqrt{2} \frac{|x_1 - y_1|}{\sqrt{2}} = |x_1 - y_1|
\end{aligned}
$$

となる．今，一般に成り立つ次の式を用いた．$|a| + |b| \leq \sqrt{2}\sqrt{a^2 + b^2}$（両辺の 2 乗の差を考えればすぐ証明できる）． □

▮定義 3.6▮（閉集合）　A が**閉集合**とは A の補集合 A^c が開集合のときをいう．

注意

「A が開集合でないとき A が閉集合である」ということではないことに注意．たとえば，$(0, 1] \subset \mathbb{R}$ は閉集合でも開集合でもない．

類題 3.29-1　$F = \{(x, y) \mid y \leq x\}$ は閉集合であることを示せ．

ヒント

F^c が開集合を示す（「F が開集合でない」ことを示すわけではない）.

問題 3.30 $A_i, i \in \mathbf{I}$ が開集合ならば，$\bigcup_{i\in\mathbf{I}} A_i$ も開集合である.

解

$\boldsymbol{a} \in \bigcup_{i\in\mathbf{I}} A_i$ とすると，和集合の定義から $\boldsymbol{a} \in A_{i_0}$ となる $i_0 \in \mathbf{I}$ が存在する．また，仮定より A_{i_0} は開集合だから，$\exists\delta > 0 : B_\delta(\boldsymbol{a}) \subset A_{i_0}$. また $A_{i_0} \subset \bigcup_{i\in\mathbf{I}} A_i$ なので $B_\delta(\boldsymbol{a}) \subset \bigcup_{i\in\mathbf{I}} A_i$. 以上より $\bigcup_{i\in\mathbf{I}} A_i$ は開集合である. □

問題 3.31 $A_1, \cdots, A_n$ が開集合ならば $A_1 \cap \cdots \cap A_n$ も開集合である.

解

$\boldsymbol{a} \in A_1 \cap A_2 \cap \cdots \cap A_n$ とすると，任意の $i (1 \leq i \leq n)$ に対して $\boldsymbol{a} \in A_i$. また A_i は開集合なので各 $i (1 \leq i \leq n)$ に対して $\exists\delta_i > 0 : B_{\delta_i}(\boldsymbol{a}) \subset A_i$. ここで $\delta = \min\{\delta_1, \delta_2, \cdots, \delta_n\}$ とすると，$\delta > 0$ であり，すべての i に対して $B_\delta(\boldsymbol{a}) \subset B_{\delta_i}(\boldsymbol{a})$. また，$B_{\delta_i}(\boldsymbol{a}) \subset A_i$ であったので $B_\delta(\boldsymbol{a}) \subset A_i$. したがって，$B_\delta(\boldsymbol{a}) \subset A_1 \cap A_2 \cap \cdots \cap A_n$. 以上より $A_1 \cap A_2 \cap \cdots \cap A_n$ は開集合である. □

問題 3.32 「$A_i, i \in \mathbf{I}$ が開集合ならば $\bigcap_{i\in\mathbf{I}} A_i$ は開集合」は成り立つか．成り立つならば証明を，成り立たないならば反例を与えよ.

解

成り立たない．反例: $\mathbf{I} = \mathbb{N}$, $A_n = \left(-\dfrac{1}{n}, \dfrac{1}{n}\right)$, $n \in \mathbb{N}$ とすると，$A_n = B_{\frac{1}{n}}(0)$ は開集合，$\bigcap_{n\in\mathbb{N}} A_n = \{0\}$ である．なぜなら，$0 \in A_n, n \in \mathbb{N}$ より，$\{0\} \subset \bigcap_{n\in\mathbb{N}} A_n$. また，$x > 0$ のときは $\exists N \in \mathbb{N} : \dfrac{1}{N} < x$. すなわち $x \notin A_N$. $x < 0$ については，

$\exists N \in \mathbb{N} : x < -\dfrac{1}{N}$ より，$x \notin A_N$. 対偶をとって $x \in \bigcap_{n\in\mathbb{N}} A_n$ ならば $x = 0$. 結局 $\bigcap_{n\in\mathbb{N}} A_n = \{0\}$. どんな小さな $\delta > 0$ をとっても $B_\delta(0) \subset \{0\}$ は成り立たないから $\{0\}$ は開集合ではない. □

注意

問題 3.32 でわかるように，A_i が無限個の場合には問題 3.31 での δ_i の最小値が存在しない場合がある.

問題 3.33　$A_1, A_2, \cdots, A_n$ が閉集合ならば $A_1 \cup A_2 \cup \cdots \cup A_n$ も閉集合である.

考え方

閉集合であることを示すには，補集合が開集合になっていることを示す.「${A_1}^c, {A_2}^c, \cdots, {A_n}^c$が開集合」から「$(A_1 \cup A_2 \cup \cdots \cup A_n)^c$ が開集合」を導く. ド・モルガンの法則を用いる. 後は問題 3.31 でよい.

解

ド・モルガンの法則より $(A_1 \cup A_2 \cup \cdots \cup A_n)^c = {A_1}^c \cap {A_2}^c \cap \cdots \cap {A_n}^c$ であるから，${A_1}^c \cap {A_2}^c \cap \cdots \cap {A_n}^c$ が開集合になっていることを示す. これは問題 3.31 であった. □

類題 3.33-1　$A_i, i \in \mathbf{I}$ が閉集合ならば，$\bigcap_{i\in\mathbf{I}} A_i$ も閉集合であることを示せ.

3.4.1 内点，外点，境界点

定義 3.7（内点，外点，境界点） $A \subset \mathbb{R}^n$ と点 $\boldsymbol{x}$ があるとき，その位置関係を 3 種類に分けることができる．

1. $\boldsymbol{x}$ が A の内点であるとは，次が成り立つときをいう．

$$\exists\delta > 0 : B_\delta(\boldsymbol{x}) \subset A$$

2. $\boldsymbol{x}$ が A の外点であるとは，次が成り立つときをいう．

$$\exists\delta > 0 : B_\delta(\boldsymbol{x}) \subset A^c$$

3. $\boldsymbol{x}$ が A の境界点であるとは，次が成り立つときをいう．

$$\forall\delta > 0, B_\delta(\boldsymbol{x}) \cap A \neq \emptyset, B_\delta(\boldsymbol{x}) \cap A^c \neq \emptyset$$

コメント

$B_\delta(\boldsymbol{x}) \subset A \iff B_\delta \cap A^c = \emptyset$ に注意して上の定義をよくみると，「内点であるか外点であるか」の否定が「境界点である」ことがわかる．それぞれは重なりがないこともわかるから，これらは重複がなくすべてをつくした「場合分け」になっている．

A の内点全体の集合を A の内部といい，$\mathrm{Int}A$ と表す．A の外点全体の集合を A の外部ということもある．A の外部は，A の補集合の内部だから，$\mathrm{Int}(A^c)$ と表される．境界点全体の集合を境界と呼び，bA と表す．先のコメントから，全体の空間 $\mathbb{R}^n$ は，次のような共通部分のない 3 つの集合の和集合に表される．

$$\mathbb{R}^n = \mathrm{Int}A \cup bA \cup \mathrm{Int}(A^c)$$

問題 3.34 $A = [0, 1) \subset \mathbb{R}$ とするとき，A の内部 $\mathrm{Int}A$ と A の境界 bA を求めよ．

考え方

図を描こう．$\mathbb{R}$ では $B_\delta(x) = (x-\delta, x+\delta)$. $0 < x < 1$ なら，$\delta = \min\{x, 1-x\}$ とすれば，$B_\delta(x) \subset A$. 0 と 1 については別に考える．

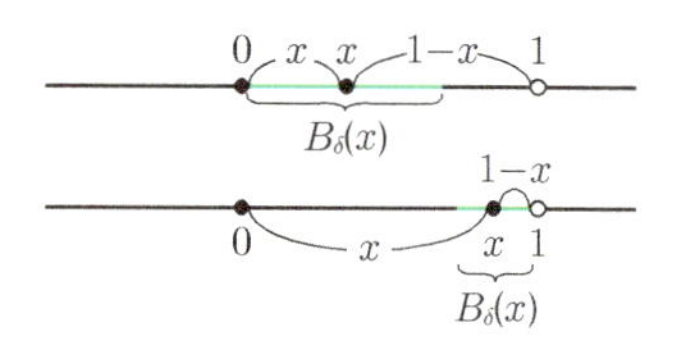

図 3.8　$A = [0, 1)$ の内部と境界

解

$\mathrm{Int}A = (0,1)$ である．$(0,1) \subset \mathrm{Int}A$ を示す．$x \in (0,1)$ とすると，$x > 0$, $1-x > 0$. $\delta = \min\{x, 1-x\}$ とする．$y \in B_\delta(x)$ とすると，$|x-y| < \delta$. $x > 0$, $|x-y| < \delta \leq x$ より，$y \geq x - |x-y| > 0$. また，$1-x > 0$, $|x-y| < \delta \leq 1-x$ より，$1-y = 1-x+(x-y) \geq 1-x-|x-y| > 1-x-(1-x) = 0$. 結局 $y \in (0,1) \subset A$. したがって，$B_\delta(x) \subset A$ となり，$(0,1) \subset \mathrm{Int}A$ がいえた．

逆に，$x \in \mathrm{Int}A$ とする．$\exists \delta > 0 : (x-\delta, x+\delta) \subset A$. すなわち，$0 \leq x-\delta$, $x+\delta < 1$. $\delta > 0$ より，$0 < x$, $x < 1$. 結局 $x \in (0,1)$. したがって $\mathrm{Int}A \subset (0,1)$. 以上より，$\mathrm{Int}A = (0,1)$ である．

$bA = \{0, 1\}$ を示す．

$1 > \delta > 0$ のとき，$B_\delta(0) \cap A = (-\delta, \delta) \cap [0,1) = [0, \delta) \neq \emptyset$. また，$B_\delta(0) \cap A^c = (B_\delta(0) \cap \{x | x < 0\}) \cup (B_\delta(0) \cap \{x | x \geq 1\}) = (-\delta, 0) \neq \emptyset$ となり，$0 \in bA$. 次に，$B_\delta(1) = (1-\delta, 1+\delta)$ であるから，$0 < \delta < 1$ のとき，$B_\delta(1) \cap A = (1-\delta, 1+\delta) \cap [0,1) = (1-\delta, 1) \neq \emptyset$. $B_\delta(1) \cap A^c = ((1-\delta, 1+\delta) \cap \{x | x < 0\}) \cup ((1-\delta, 1+\delta) \cap \{x | x \geq 1\}) = (1, 1+\delta) \neq \emptyset$ したがって，$1 \in bA$.

$x < 0$ とすると，$B_{|x|}(x) = (x-|x|, x+|x|) = (2x, 0)$ だから，$B_{|x|}(x) \cap A = \emptyset$. すなわち，$B_{|x|}(x) \subset A^c$ で，x は A の外点．$x > 1$ のときも $B_{|x-1|}(x) \cap A = \emptyset$ より，x は A の外点．結局，$bA = \{0, 1\}$. □

問題 3.35　$\mathbb{Q} \subset \mathbb{R}, \mathbb{Q} =$ 有理数全体 のとき，$\mathrm{Int}\mathbb{Q}$, $b\mathbb{Q}$ を求めよ．

考え方

どんな小さな開区間も必ず有理数も無理数も含むので，すべてが境界点．

解

$x \in \mathbb{R}, \delta > 0$ としたとき，$B_\delta(x) = (x-\delta, x+\delta)$ であるが，$B_\delta(x)$ は有理数も無理数も含む．したがって，$B_\delta(x) \cap \mathbb{Q} \neq \emptyset$,　$B_\delta(x) \cap \mathbb{Q}^c \neq \emptyset$ であり，x は境界点．$\mathbb{R}$ 全体が $\mathbb{Q}$ の境界点だから，$\mathbb{Q}$ の内部も外部も空集合である．まとめると，$\mathrm{Int}\mathbb{Q} = \emptyset$,　$\mathrm{Int}(\mathbb{Q}^c) = \emptyset$,　$b\mathbb{Q} = \mathbb{R}$.　□

注意

上の解では，有理数も無理数も無数にあって，実数の中にまんべんなく入っていることを用いている．このことは，たとえば，次のように示される．

$a = 0, b = 1$ とすると，a も b も有理数．自然数 N に対して，$0, \frac{1}{N}, \frac{2}{N}, \frac{3}{N}, \cdots, \frac{N-1}{N}, 1$ は，$[0,1]$ 区間を N 等分していて，すべて有理数である．区間 $[0,1]$ のなかに幅 $\frac{1}{N}$ で有理数があることがわかる．$\frac{1}{N}$ はいくらでも小さくできる．したがって，空でない開区間 (a,b) に対して，$b-a > \frac{1}{2N}$ である N とすれば，(a,b) は $\frac{k}{2N}+$（整数），$0 \leq k \leq 2N$ の形の有理数を必ず含む．

最初に，$a = 0, b = \sqrt{2}$ とすれば，$\frac{k}{2N}\sqrt{2}, k \in \mathbb{N}$ の形の数は，すべて無理数で，今と同じ議論ができる．

どんな小さな開区間にも，必ず有理数（無理数）があるという事実を「有理数（無理数）の**稠密性**（ちゅうみつせい）」と呼ぶ．

問題 3.36　$A = \{(x,y) \in \mathbb{R}^2 \mid 0 \leq x, y \leq 1, x, y$ は有理数$\} \subset \mathbb{R}^2$ としたとき，$\mathrm{Int}A$ と bA を求めよ．

考え方

A は正方形 $[0,1]\times[0,1]$ の中の座標が有理数の点の集合だから，正方形の外が外点であることは想像がつく．$\boldsymbol{a}=(x,y)\in A$ に対して，どんなに小さな $\delta>0$ に対しても $B_\delta(\boldsymbol{a})$ は座標がともに有理数である点もそうでない点も含む．$[0,1]\times[0,1]$ 全部が境界である．

解

$\mathrm{Int}A=\emptyset$ を示す．$(x,y)\in\mathrm{Int}A$ とする．$\mathrm{Int}A\subset A$ より $0\le x,y\le 1$ であり，$\exists\delta>0: B_\delta((x,y))\subset A$．この $\delta>0$ に対して，$S=\left(x-\dfrac{\delta}{\sqrt{2}},x+\dfrac{\delta}{\sqrt{2}}\right)\times\left(y-\dfrac{\delta}{\sqrt{2}},y+\dfrac{\delta}{\sqrt{2}}\right)$ とすると，$S\subset B_\delta((x,y))$．なぜなら，$(x',y')\in S$ とすると，$|x-x'|<\dfrac{\delta}{\sqrt{2}}$，$|y-y'|<\dfrac{\delta}{\sqrt{2}}$ だから，$d((x',y'),(x,y))=\sqrt{|x-x'|^2+|y-y'|^2}<\sqrt{\dfrac{\delta^2}{\sqrt{2}}+\dfrac{\delta^2}{\sqrt{2}}}=\sqrt{\delta^2}=\delta$ となり，$(x',y')\in B_\delta((x,y))$．すなわち，$S\subset B_\delta((x,y))$．

無理数の稠密性から，$\exists x_0,y_0$; 無理数, $(x_0,y_0)\in S\subset B_\delta((x,y))\subset A$ となる．しかし，これは A の点の座標が有理数であることに反する．結局，$(x,y)\in\mathrm{Int}A$ が成り立たず，$\mathrm{Int}A=\emptyset$ である．

$bA=[0,1]\times[0,1]$ を示す．$(x,y)\in[0,1]\times[0,1]$ とし，$\delta>0$ とする．$B_\delta((x,y))$ には，上と同じ議論で必ず A の点も A でない点も含まれる．したがって，$[0,1]\times[0,1]\subset bA$．また，$([0,1]\times[0,1])^c$ は開集合で，その中の点は $([0,1]\times[0,1])^c$ の内点である．$A\subset[0,1]\times[0,1]$ より $([0,1]\times[0,1])^c\subset A^c$ だから，それは A^c の内点でもある．すなわち，$([0,1]\times[0,1])^c\bigcap bA=\emptyset$ したがって，$bA\subset[0,1]\times[0,1]$．結局 $bA=[0,1]\times[0,1]$．　□

問題 3.37　$\mathrm{Int}A$ は A に含まれる最大の開集合であることを示せ．

コメント

「Int$A$ は A に含まれる最大の開集合」というのは，日常語としては「A に含まれる開集合全部を考え，その中で最も大きいもの」として理解できると思う．しかし，数学的にはどうか．

実は，まず集合の大小関係をはっきりさせておかねばならない．2 つの集合 S, T に対して，「S が T より大きい」とは，$S \supset T$ かつ $S \neq T$ のときをいう．$S \supset T$ のことは，「S が T より大きいか等しい」という．

集合を要素とする集合 $\mathcal{U}$ があったとき，$V \in \mathcal{U}$ が $\mathcal{U}$ の中で最大であるとは，$\forall U \in \mathcal{U}$, $U \subset V$ が成り立つことをいう． この問題では，$\mathcal{U} = \{B | B : 開集合, B \subset A\}$ の場合である．Int$A$ が $\mathcal{U}$ の最大要素となっているということを主張している．Int$A \subset A$ はすでにわかっているから，Int$A$ が開集合であることと，$V \subset A, V : 開集合 \Longrightarrow V \subset \mathrm{Int}A$ を示せばよい．

考え方

「Int$A$ が開集合であること」と，「B : 開集合，$B \subset A \Longrightarrow B \subset \mathrm{Int}A$」を示す．$\boldsymbol{a} \in \mathrm{Int}A$ に対して，$\exists \delta > 0 : B_\delta(\boldsymbol{a}) \subset A$ は Int$A$ の定義から当たり前だが，Int$A$ が開集合であることをいうのだから，これでは足りず，$B_\delta(\boldsymbol{a}) \subset \mathrm{Int}A$ を示す必要があることに注意．

解

$\boldsymbol{a} \in \mathrm{Int}A$ とする．内部の定義から $\exists \delta > 0 : B_\delta(\boldsymbol{a}) \subset A$．また $B_\delta(\boldsymbol{a})$ は開集合なので $\forall \boldsymbol{x} \in B_\delta(\boldsymbol{a})$, $\exists \gamma > 0 : B_\gamma(\boldsymbol{x}) \subset B_\delta(\boldsymbol{a}) \subset A$．$B_\gamma(\boldsymbol{x}) \subset A$ より，$\boldsymbol{x} \in \mathrm{Int}A$．よって，$B_\delta(\boldsymbol{a}) \subset \mathrm{Int}A$．したがって，Int$A$ は開集合である．

次に Int$A$ が A に含まれる開集合のうち最大であることを示す．つまり，B : 開集合，$B \subset A$ ならば $B \subset \mathrm{Int}A$ を示す．

$\boldsymbol{x} \in B$ とすると，B は開集合なので $\exists \delta > 0 : B_\delta(\boldsymbol{x}) \subset B$．また，$B \subset A$ より，$B_\delta(\boldsymbol{x}) \subset A$．これは，$\boldsymbol{x} \in \mathrm{Int}A$ を意味する．したがって，$B \subset \mathrm{Int}A$．

以上より Int$A$ は A に含まれる最大の開集合である． □

問題 3.38　$f:\mathbb{R}^n \to \mathbb{R}^m$ が連続であることと「$\mathbb{R}^m$ の任意の開集合 U の逆像 $f^{-1}(U)$ も開集合である」ということは必要十分であることを示せ．

考え方

$f:\mathbb{R}^n \to \mathbb{R}^m$ が連続とは $\forall \boldsymbol{a} \in \mathbb{R}^n$, $\forall \varepsilon > 0, \exists \delta > 0 : f(B_\delta(\boldsymbol{a})) \subset B_\varepsilon(f(\boldsymbol{a}))$ といいかえられる．$f^{-1}(U)$ が開集合であることは，$\forall \boldsymbol{x} \in f^{-1}(U)$, $\exists \delta > 0 : B_\delta(\boldsymbol{x}) \subset f^{-1}(U)$ といいかえられる．

解

$\Longrightarrow$) $\boldsymbol{x} \in f^{-1}(U)$ とする．逆像の定義から $f(\boldsymbol{x}) \in U$．U は開集合なので $\exists \varepsilon > 0 : B_\varepsilon(f(\boldsymbol{x})) \subset U$ が成り立つ．また，$f:\mathbb{R}^n \to \mathbb{R}^m$ が連続であることから，この ε に対して，$\exists \delta > 0 : f(B_\delta(\boldsymbol{x})) \subset B_\varepsilon(f(\boldsymbol{x}))$. よって，$f(B_\delta(\boldsymbol{x})) \subset U$. 逆像の定義から，$B_\delta(\boldsymbol{x}) \subset f^{-1}(U)$. よって $f^{-1}(U)$ は開集合．
$\Longleftarrow$) 各 $\boldsymbol{x} \in \mathbb{R}^n$ に対して，f が $\boldsymbol{x}$ で連続であることを示す．$\varepsilon > 0$ に対して，$B_\varepsilon(f(\boldsymbol{x}))$ は開集合であり，仮定から $f^{-1}(B_\varepsilon(f(\boldsymbol{x})))$ も開集合．また，$f(\boldsymbol{x}) \in B_\varepsilon(f(\boldsymbol{x}))$ より $\boldsymbol{x} \in f^{-1}(B_\varepsilon(f(\boldsymbol{x})))$. したがって，$\exists \delta > 0 : B_\delta(\boldsymbol{x}) \subset f^{-1}(B_\varepsilon(f(\boldsymbol{x})))$，すなわち $f(B_\delta(\boldsymbol{x})) \subset B_\varepsilon(f(\boldsymbol{x}))$. $\varepsilon > 0$ は任意にとれたから，f は $\boldsymbol{x}$ で連続である． □

類題 3.38-1　$f:\mathbb{R}^n \to \mathbb{R}^m$ が連続であるための必要十分条件は $\mathbb{R}^m$ の任意の閉集合 F に対して F の f による逆像 $f^{-1}(F)$ も閉集合であるということであることを示せ．

ヒント

問題 1.20(3) $(f^{-1}(F))^c = f^{-1}(F^c)$ と問題 3.38 を使う．

類題 3.38-2 $F=\{(x,y)\,|\,y\geq x\}$ は閉集合であることを示せ.

ヒント

F が閉集合であることを直接示してもよいが, 類題 3.38-1 を用いると簡単になる. $F=f^{-1}(K)$ となるような連続写像 f と閉集合 K をみつければよい. たとえば, $f(x,y)=y-x$, $K=\{x|x\geq 0\}$ とすればよい.

問題 3.39 $f:\mathbb{R}^n\to\mathbb{R}^m$ が連続で, $g:\mathbb{R}^m\to\mathbb{R}^l$ も連続ならば, $g\circ f:\mathbb{R}^n\to\mathbb{R}^l$ も連続であることを示せ.

考え方

問題 3.38 を用いれば簡単.

解

問題 3.38 より, $U\subset\mathbb{R}^l$: 開集合に対して, $(g\circ f)^{-1}(U)$ も開集合であることを示せばよい.

$$
\begin{aligned}
(g\circ f)^{-1}(U)&=\{\boldsymbol{x}\in\mathbb{R}^n|g\circ f(\boldsymbol{x})\in U\}=\{\boldsymbol{x}\in\mathbb{R}^n|g(f(\boldsymbol{x}))\in U\}\\
&=\{\boldsymbol{x}\in\mathbb{R}^n|f(\boldsymbol{x})\in g^{-1}(U)\}=f^{-1}(g^{-1}(U))
\end{aligned}
$$

が成り立つ. U を開集合とすれば, g の連続性より, 問題 3.38 を用いて, $g^{-1}(U)$ も開集合. f も連続だから, $f^{-1}(g^{-1}(U))$ も開集合. また, 問題 3.38 を用いて $g\circ f$ は連続. □

定義 3.8 (閉包) $A\subset\mathbb{R}^n$とする. $\overline{A}=\{\boldsymbol{x}\in\mathbb{R}^n|\exists\boldsymbol{x}_i\in A, i\in\mathbb{N}:\boldsymbol{x}_i\to\boldsymbol{x}\}$ を A の閉包という.

問題 3.40 $A \subset \overline{A}$ を示せ.

解

$\boldsymbol{x} \in A$ に対して，$\boldsymbol{x}_i = \boldsymbol{x}, i \in \mathbb{N}$ とすれば，$\boldsymbol{x}_i \in A$ かつ $\boldsymbol{x}_i \to \boldsymbol{x}$. すなわち，$\boldsymbol{x} \in \overline{A}$. □

注意

教科書によっては閉包を $\{\boldsymbol{x} \mid \forall\varepsilon > 0, B_\varepsilon(\boldsymbol{x}) \cap A \neq \emptyset\}$ で定義しているものもある．上の定義とは一見違うようにみえるかもしれないが，実はこれらの $\boldsymbol{x}$ に対する条件は必要十分であり，閉包の定義としてはどちらを用いてもよい．それを示すのが次の問題である．

問題 3.41 $\hat{A} = \{\boldsymbol{x} \mid \forall\delta > 0,\ B_\delta(\boldsymbol{x}) \cap A \neq \emptyset\}$, $\overline{A} = \{\boldsymbol{x} \mid \exists \boldsymbol{x}_i \in A, i \in \mathbb{N} : \boldsymbol{x}_i \to \boldsymbol{x}\}$ としたとき，$\overline{A} = \hat{A}$ が成り立つことを証明せよ．

考え方

$\hat{A} \subset \overline{A}$ の証明では $\forall\delta > 0, B_\delta(\boldsymbol{x}) \cap A \neq \emptyset$ の条件から点列をとり出すために，$\delta = \dfrac{1}{n}$ とするところがポイント．$\overline{A} \subset \hat{A}$ は，$\boldsymbol{x}_i \to \boldsymbol{x}$ の定義を思い出せばよい．

解

$\hat{A} \subset \overline{A}$ を示す．$\boldsymbol{x} \in \hat{A}$ とすると，$\forall\delta$, $B_\delta(\boldsymbol{x}) \cap A \neq \emptyset$. 今，$\delta = \dfrac{1}{n}, n \in \mathbb{N}$ とする．$B_{\frac{1}{n}}(\boldsymbol{x}) \cap A \neq \emptyset$ だから，$\boldsymbol{x}_n \in B_{\frac{1}{n}}(\boldsymbol{x}) \cap A$ がとれる．$d(\boldsymbol{x}_n, \boldsymbol{x}) < \dfrac{1}{n}$ なので，任意の $\varepsilon > 0$ に対して十分大きな $N \in \mathbb{N}$ をとってくれば，$\dfrac{1}{N} < \varepsilon$ が成り立ち，$n \geq N$ なる n に対して $d(\boldsymbol{x}_n, \boldsymbol{x}) < \dfrac{1}{n} \leq \dfrac{1}{N} < \varepsilon$ が成り立つ．つまり $\boldsymbol{x}_n \to \boldsymbol{x}$. $\boldsymbol{x}_n \in B_{\frac{1}{n}}(\boldsymbol{x}) \cap A$ より $\boldsymbol{x}_n \in A$ であるので $\boldsymbol{x} \in \overline{A}$. よって $\hat{A} \subset \overline{A}$.

$\overline{A} \subset \hat{A}$ を示す．$\boldsymbol{x} \in \overline{A}$ とすると $\exists \boldsymbol{x}_i \in A, i \in \mathbb{N} : \boldsymbol{x}_i \to \boldsymbol{x}$．$\boldsymbol{x}_i \to \boldsymbol{x}$ より任意の $\delta > 0$ に対して十分大きな $N \in \mathbb{N}$ をとれば $n \geq N$ なる n に対して $d(\boldsymbol{x}_n, \boldsymbol{x}) < \delta$ が成り立つ．つまり $\boldsymbol{x}_n \in B_\delta(\boldsymbol{x})$．$\boldsymbol{x}_n \in A$ であったので，$B_\delta(\boldsymbol{x}) \cap A \neq \emptyset$．よって $\boldsymbol{x} \in \hat{A}$．すなわち $\overline{A} \subset \hat{A}$．

以上より $\overline{A} = \hat{A}$． □

コメント

A の内点，外点，境界点以外に，A の**集積点**，**触点**の概念も使われることがある．$\boldsymbol{x}$ が A の集積点とは，$\forall \varepsilon > 0, (B_\varepsilon(\boldsymbol{x}) - \{\boldsymbol{x}\}) \bigcap A \neq \emptyset$ が成り立つことをいう．$\boldsymbol{x}$ が A の触点とは，$\forall \varepsilon > 0, B_\varepsilon(\boldsymbol{x}) \bigcap A \neq \emptyset$ が成り立つことをいう．

問題 3.42　$A \subset \mathbb{R}^n$ とするとき $\overline{A} = \mathrm{Int}A \cup bA$ が成り立つことを示せ．

考え方

$\overline{A} \subset \mathrm{Int}A \cup bA$ と $\mathrm{Int}A \cup bA \subset \overline{A}$ を示せばよい．bA は境界全体だから，
$\boldsymbol{x} \in bA \iff \forall \delta > 0,\ (B_\delta(\boldsymbol{x}) \cap A \neq \emptyset.$ かつ $B_\delta(\boldsymbol{x}) \cap A^c \neq \emptyset)$．

解

$\boldsymbol{x} \in \overline{A}$ とする．閉包の定義から $\exists \boldsymbol{x}_i \in A,\ i \in \mathbb{N} : \boldsymbol{x}_i \to \boldsymbol{x}$．もし $\boldsymbol{x}$ が A の外点だとすると，$\exists \delta > 0 : B_\delta(\boldsymbol{x}) \subset A^c$ となる．また $\boldsymbol{x}_n \to \boldsymbol{x}$ より $\exists N : n \geq N$ ならば $x_n \in B_\delta(\boldsymbol{x}) \subset A^c$ となり $\boldsymbol{x}_n \in A$ に矛盾．したがって，$\boldsymbol{x}$ は内点または境界点であり，$\boldsymbol{x} \in \mathrm{Int}A \cup bA$．すなわち，$\overline{A} \subset \mathrm{Int}A \cup bA$．

逆に，$\boldsymbol{x} \in \mathrm{Int}A \cup bA$ とする．$\boldsymbol{x} \in \mathrm{Int}A$ なら，$x \in \mathrm{Int}A \subset A \subset \overline{A}$ である．$\boldsymbol{x} \in bA$ とすると，$\forall \delta > 0$ に対して $B_\delta(x) \cap A \neq \emptyset$．したがって $x \in \hat{A} = \overline{A}$．結局 $\mathrm{Int}A \cup bA \subset \overline{A}$．以上より，$\overline{A} = \mathrm{Int}A \cup bA$ が示された． □

問題 3.43　A の閉包 $\bar{A}$ は閉集合であることを示せ．

解

問題3.42より $\bar{A} = \mathrm{Int}A \cup bA$ だから $(\bar{A})^c$ は A の外点全体，すなわち，A^c の内点全体だから開集合である．したがって，$\bar{A}$ は閉集合．□

問題 3.44　$A \subset \mathbb{R}^n$ が閉集合であるための必要十分条件は $\overline{A} = A$ である．

考え方

必要十分であることを示すのだから　$\Longrightarrow$) と $\Longleftarrow$) の両方を示す．

$\Longrightarrow$)「A が閉集合 ($\Longleftrightarrow$ A^c が開集合 $\Longleftrightarrow$ $\forall x \in A^c, \exists\delta > 0 : B_\delta(x) \subset A^c$)」より，「$A = \overline{A}$($\Longleftrightarrow$ $A \subset \overline{A}$ かつ $\overline{A} \subset A$)」を導く．

$\Longleftarrow$)「$\overline{A} = A \Longrightarrow A$ が閉集合」だが，対偶を示すほうがわかりやすい．つまり「A が閉集合でない $\Longrightarrow$ $A \neq \overline{A}$」を示す．

解

($\Longrightarrow$) 各 $\boldsymbol{x} \in A$ に対して，点列を $\boldsymbol{x}_i = \boldsymbol{x}, i \in \mathbb{N}$ とすると，$\boldsymbol{x}_i \in A$ かつ $\boldsymbol{x}_i \to \boldsymbol{x}$ なので $\boldsymbol{x} \in \overline{A}$ となり $A \subset \overline{A}$.

逆に $\boldsymbol{x} \in \overline{A}$ とすると，定義より，$\exists \boldsymbol{x}_i \in A, i \in \mathbb{N} : \boldsymbol{x}_i \to \boldsymbol{x}$. 仮に $\boldsymbol{x} \in A^c$ とすると，A は閉集合なので A^c は開集合であり，$\exists\delta > 0 : B_\delta(\boldsymbol{x}) \subset A^c$. $\boldsymbol{x}_i \to \boldsymbol{x}$ より，$\exists N : n \geq N \Longrightarrow d(\boldsymbol{x}_n, \boldsymbol{x}) < \delta$. これは $\boldsymbol{x}_N \in B_\delta(\boldsymbol{x}) \subset A^c$ を意味し $\boldsymbol{x}_i \in A$ に反する．この矛盾は $\boldsymbol{x} \in A^c$ としたことによって起きたので，$\boldsymbol{x} \in A$ となり，$\overline{A} \subset A$. よって $\overline{A} = A$.

$\Longleftarrow$) 対偶「A^c が開集合でない $\Longrightarrow$ $A \neq \overline{A}$」を示す．A^c が開集合でないなら，$\exists \boldsymbol{x} \in A^c$: $\forall\delta > 0, B_\delta(\boldsymbol{x}) \cap A \neq \emptyset$. ここで，各 $n \in \mathbb{N}$ に対して $\delta = \dfrac{1}{n}$ とすれば，$\boldsymbol{x}_n \in B_{\frac{1}{n}}(\boldsymbol{x}) \cap A$ が存在する．$d(\boldsymbol{x}_n, \boldsymbol{x}) < \dfrac{1}{n}$ なので，$\boldsymbol{x}_n \to \boldsymbol{x}$. ここで，$\boldsymbol{x}_n \in B_{\frac{1}{n}}(\boldsymbol{x}) \cap A$ だったので $\boldsymbol{x}_n \in A$, $n \in \mathbb{N}$: $\boldsymbol{x}_n \to \boldsymbol{x}$. したがって $\boldsymbol{x} \in \overline{A}$. また $\boldsymbol{x} \in A^c$ なので，$\overline{A} \neq A$ である．□

問題 3.45　$A_i \subset \mathbb{R}^n$, $i = 1, \cdots, k$ に対して，$\overline{A_1 \cup A_2 \cup \cdots \cup A_k} = \overline{A_1} \cup \overline{A_2} \cup \cdots \cup \overline{A_k}$ を示せ．

考え方

$\boldsymbol{x} \in \overline{A_1 \cup \cdots \cup A_k} \Longrightarrow \boldsymbol{x} \in \overline{A_1} \cup \cdots \cup \overline{A_k}$ を示す．$\boldsymbol{x} \in \overline{A_1 \cup \cdots \cup A_k}$ のとき，$\exists j : \boldsymbol{x} \in \overline{A_j}$ をいえば十分．
$\overline{A_1} \cup \cdots \cup \overline{A_k} \subset \overline{A_1 \cup \cdots \cup A_k}$ は "$A \subset B \Longrightarrow \overline{A} \subset \overline{B}$" を用いれば容易．また，点列 $\boldsymbol{x}_i, i \in \mathbb{N}$ が $\boldsymbol{x}$ に収束するなら，どの部分列 $\boldsymbol{x}_{i_n}$ も $\boldsymbol{x}$ に収束することに注意．

解

$A_i \subset A_1 \cup \cdots \cup A_k$ より，$\overline{A_i} \subset \overline{A_1 \cup \cdots \cup A_k}$．どの i についてもこれは成り立つから，$\overline{A_1} \cup \cdots \cup \overline{A_k} \subset \overline{A_1 \cup \cdots \cup A_k}$．次に，逆の包含関係をいう．$\boldsymbol{x} \in \overline{A_1 \cup A_2 \cup \cdots \cup A_k}$ とする．閉包の定義から $\exists \boldsymbol{x}_i \in A_1 \cup A_2 \cup \cdots \cup A_k$, $i \in \mathbb{N}$: $\boldsymbol{x}_i \to \boldsymbol{x}$ である．$A_1, \cdots, A_k$ のうち少なくとも 1 つは無限個の $\boldsymbol{x}_i$ を含む．それを A_j とする．すなわち，$\exists \boldsymbol{x}_{i_n}, n \in \mathbb{N} : \boldsymbol{x}_i$の部分列，$\boldsymbol{x}_{i_n} \in A_j$．$\boldsymbol{x}_{i_n} \to \boldsymbol{x}$ だから，$\boldsymbol{x} \in \overline{A_j} \subset \overline{A_1} \cup \overline{A_2} \cup \cdots \cup \overline{A_k}$．したがって，$\overline{A_1 \cup A_2 \cup \cdots \cup A_k} \subset \overline{A_1} \cup \overline{A_2} \cup \cdots \cup \overline{A_k}$．

□

第 4 章
距離空間

今まではユークリッド空間 $\mathbb{R}^n$ という，次元 n に対してただ 1 つに決まる具体的な空間を扱ってきた．これまでの議論は実際には距離の性質（問題 3.3）以外ほとんど何も用いていない．そこで一定の性質が成り立つような距離が与えられた空間を抽象的に考え，距離空間と呼ぶことにする．ユークリッド空間での議論は，「実数の連続性」を用いたこと以外ほとんど距離空間に一般化される．一般化できる結果は，以後そのまま用いる．

4.1 距離空間

▮定義 4.1▮（距離） X を集合とする．写像 $d: X\times X\to\mathbb{R}$ が次の 3 つの条件を満たすとき d を X 上の**距離**といい，(X,d) を**距離空間**という．また，3 つの条件を**距離の公理**と呼ぶ．

(D_1) $x, y\in X$ に対して，

$d(x,y)\geq 0$．また，$d(x,y)=0 \Longleftrightarrow x=y$． （正定値性）

(D_2) $x, y\in X$ に対して，$d(x,y)=d(y,x)$． （対称性）

(D_3) $x, y, z\in X$ に対して， $d(x,z)\leq d(x,y)+d(y,z)$． （三角不等式）

明記しなくても d がわかるとき，単に X を距離空間という．

$\mathbb{R}^n$ において，$d:\mathbb{R}^n\times\mathbb{R}^n\to\mathbb{R}$ を $\boldsymbol{x}=(x_1,\cdots,x_n), \boldsymbol{y}=(y_1,\cdots,y_n)$ に対して

$$d(\boldsymbol{x},\boldsymbol{y})=\sqrt{(x_1-y_1)^2+\cdots+(x_n-y_n)^2}$$

とすると，第 3 章の問題 3.3 で示したように，$d(\boldsymbol{x},\boldsymbol{y})$ は距離の公理を満たす．

■定義 4.2■（収束）　距離空間 X の中の点列 $x_i, i \in \mathbb{N}$ と α について，次が成り立つとき，x_i が α に**収束する**という．

$$\forall \varepsilon > 0, \exists N : \forall n, n \geq N \Longrightarrow d(x_n, \alpha) < \varepsilon.$$

問題 4.1　X の中の点列は収束するなら，収束先は 1 つであることを示せ．

考え方

$\mathbb{R}$ の中の点列の場合（問題 2.1）と同じように考えればよい．

解

$x_i \in X$, $i \in \mathbb{N}$ が x_0, y_0 に収束し，$x_0 \neq y_0$ とすると，$d(x_0, y_0) > 0$. 収束の定義での ε を $\dfrac{d(x_0, y_0)}{2}$ とすると，$x_i \longrightarrow x_0$ より，$\exists N_1$: $\forall n$, $n \geq N_1 \Longrightarrow d(x_n, x_0) < \dfrac{d(x_0, y_0)}{2}$. また，$x_i \longrightarrow y_0$ より，$\exists N_2$: $\forall n$, $n \geq N_2 \Longrightarrow d(x_n, y_0) < \dfrac{d(x_0, y_0)}{2}$. $N = \max\{N_1, N_2\}$ とすれば，$d(x_0, y_0) \leq d(x_0, x_N) + d(x_N, y_0) < \dfrac{d(x_0, y_0)}{2} + \dfrac{d(x_0, y_0)}{2} = d(x_0, y_0)$ となり，これは矛盾．したがって，$x_0 = y_0$. □

■定義 4.3■（コーシー列）　距離空間 X の中の点列 $x_i, i \in \mathbb{N}$ が**コーシー列**であるとは，

$$\forall \varepsilon > 0, \exists N : \forall m, \forall n, (m, n \geq N \Longrightarrow d(x_m, x_n) < \varepsilon)$$

が成り立つことをいう．

■定義 4.4■（開球）　距離空間 (X, d) における a を中心とする半径 r の**開球** $B_r(a)$ は $B_r(a) = \{x \in X \mid d(x, a) < r\}$ で定義される．

コメント

距離空間においても点列の収束やコーシー列については，ユークリッド空間の場合とまったく同じように議論できる．「開集合」，「連続写像」の概念はともに開球 $B_r(a)$ の概念だけでいい表せる．すなわち，

$$A \text{ が開集合} \iff \forall x \in A,\ \exists \delta > 0 : B_\delta(a) \subset A$$

$$f : X \to Y \text{ が } a \in X \text{ で連続} \iff \forall \varepsilon > 0,\ \exists \delta > 0 : f(B_\delta(a)) \subset B_\varepsilon(f(a))$$

となる．

問題 4.2 X を集合とする．X 上の距離を
$d(x,y) = \begin{cases} 0, & x = y \\ 1, & x \neq y \end{cases}$ と決めたとき，(X,d) は距離空間となることを示せ．

解

(D_1) は，$d(x,y)$ の値は，0 か 1 であるし，0 であるのは，$x = y$ のときに限るから成り立つ．

(D_2) は，x と y が等しいかどうかは，順番によらないから，当然成り立つ．

(D_3) は，次の式を示せばよかった．$d(x,z) \leq d(x,y) + d(y,z)$．この左辺が 0 なら，右辺は負にならないから成り立つ．左辺が 1 の場合は，$x \neq z$ であり，この場合，$x \neq y$ か $y \neq z$ のどちらかは成り立つから，右辺も 1 以上になり，成り立つ．これで，距離の公理を満たすことがわかったので，(X,d) は距離空間である． □

上の距離空間を**離散距離空間**，距離を**離散距離**という．すべての点が「離れている」という特殊なものだが，極端な場合の例として案外よく使われる．

問題 4.3 $\mathbb{R}^n$ において，以下のように決めたとき，それぞれ距離空間になることを示せ．

(1) $d_1(\boldsymbol{x},\boldsymbol{y}) = \max_{1 \leq i \leq n} \{|x_i - y_i|\}$

(2) $d_2(\boldsymbol{x},\boldsymbol{y}) = |x_1 - y_1| + \cdots + |x_n - y_n|$

解

(1) (D_1) $\boldsymbol{x}, \boldsymbol{y} \in \mathbb{R}^n$ とする．各 i に対して，$|x_i - y_i| \geq 0$．よって，$d_1(\boldsymbol{x}, \boldsymbol{y}) \geq 0$．$d_1(\boldsymbol{x}, \boldsymbol{x}) = \max_{1 \leq i \leq n} \{|x_i - x_i|\} = 0$．$d_1(\boldsymbol{x}, \boldsymbol{y}) = 0$ とすると，$|x_i - y_i|$ の最大値 $= 0$ だから，各 i に対して $|x_i - y_i| = 0$．結局，$\boldsymbol{x} = \boldsymbol{y}$．

(D_2) $x, y \in \mathbb{R}^n$ に対して，

$$d_1(\boldsymbol{x}, \boldsymbol{y}) = \max_{1 \leq i \leq n} \{|x_i - y_i|\} = \max_{1 \leq i \leq n} \{|y_i - x_i|\} = d_1(\boldsymbol{y}, \boldsymbol{x}).$$

(D_3) $\boldsymbol{x}, \boldsymbol{y}, \boldsymbol{z} \in \mathbb{R}^n$ に対して，$d_1(\boldsymbol{x}, \boldsymbol{z}) = \max_{1 \leq i \leq n} \{|x_i - z_i|\}$ であるから，ある j に対して，$d_1(\boldsymbol{x}, \boldsymbol{z}) = |x_j - z_j|$ であり，

$$\begin{aligned} d_1(\boldsymbol{x}, \boldsymbol{z}) &= |x_j - z_j| = |x_j - y_j + y_j - z_j| \leq |x_j - y_j| + |y_j - z_j| \\ &\leq \max_{1 \leq i \leq n} \{|x_i - y_i|\} + \max_{1 \leq i \leq n} \{|y_i - z_i|\} \\ &= d_1(\boldsymbol{x}, \boldsymbol{y}) + d_1(\boldsymbol{y}, \boldsymbol{z}) \end{aligned}$$

となる．以上 (D_1), (D_2), (D_3) から $d_1(\boldsymbol{x}, \boldsymbol{y})$ は $\mathbb{R}^n$ 上の距離である．

(2) (D_1) $x, y \in \mathbb{R}^n$ とする．すべての i に対して $|x_i - y_i| \geq 0$．
$d_2(\boldsymbol{x}, \boldsymbol{y})$ はその和なので，$d_2(\boldsymbol{x}, \boldsymbol{y}) \geq 0$．

$$d_2(\boldsymbol{x}, \boldsymbol{x}) = |x_1 - x_1| + \cdots + |x_n - x_n| = 0.$$

$d_2(\boldsymbol{x}, \boldsymbol{y}) = 0$ とする．つまり，$|x_1 - y_1| + \cdots + |x_n - y_n| = 0$．この式が成り立つにはすべての項が 0 でないと成り立たないので，$\boldsymbol{x} = \boldsymbol{y}$．

(D_2) $\boldsymbol{x}, \boldsymbol{y} \in \mathbb{R}^n$ に対して，

$$\begin{aligned} d_2(\boldsymbol{x}, \boldsymbol{y}) &= |x_1 - y_1| + \cdots + |x_n - y_n| \\ &= |y_1 - x_1| + \cdots + |y_n - x_n| = d_2(\boldsymbol{y}, \boldsymbol{x}). \end{aligned}$$

(D_3) $\forall \boldsymbol{x}, \boldsymbol{y}, \boldsymbol{z} \in \mathbb{R}^n$ に対して，

$$\begin{aligned} d_2(\boldsymbol{x}, \boldsymbol{z}) &= |x_1 - z_1| + \cdots + |x_n - z_n| \\ &= |x_1 - y_1 + y_1 - z_1| + \cdots + |x_n - y_n + y_n - z_n| \\ &\leq |x_1 - y_1| + |y_1 - z_1| + \cdots + |x_n - y_n| + |y_n - z_n| \\ &= \{|x_1 - y_1| + \cdots + |x_n - y_n|\} + \{|y_1 - z_1| + \cdots + |y_n - z_n|\} \\ &= d_2(\boldsymbol{x}, \boldsymbol{y}) + d_2(\boldsymbol{y}, \boldsymbol{z}). \end{aligned}$$

以上 (D_1), (D_2), (D_3) から $d_2(\boldsymbol{x}, \boldsymbol{y})$ は距離である．　□

注意

上の問題 4.3 でわかるように，$\mathbb{R}^n$ の中にもいろいろな距離を入れることができる．しかし，何も断らないときには，$\mathbb{R}^n$ の距離は，通常の距離

$$d(\boldsymbol{x}, \boldsymbol{y}) = \sqrt{(x_1 - y_1)^2 + \cdots + (x_n - y_n)^2}$$

を用いる．

問題 4.4 $\mathbb{R}^n$ の通常の距離 d によって決まる開集合と (2) の距離 d_2 によって決まる開集合は一致することを示せ（このとき d と d_2 の位相が一致するという）．

考え方

A が d に関して開集合 $\Longleftrightarrow \forall \boldsymbol{a} \in A,\ \exists \delta > 0:\ B_\delta(\boldsymbol{a}) \subset A$. d_2 に関する開球を $B'_{\delta'}(\boldsymbol{a})$ と表すとき，$B'_{\delta'}(\boldsymbol{a}) \subset B_\delta(\boldsymbol{a})$ が成り立つような $\delta' > 0$ があれば $B'_{\delta'}(\boldsymbol{a}) \subset B_\delta(\boldsymbol{a}) \subset A$ となるから A は d_2 に関しても開集合である．逆も同様．

解

任意の $\boldsymbol{x}, \boldsymbol{y}$ について，d, d_2 の決め方から，

$$\begin{aligned} d(\boldsymbol{x}, \boldsymbol{y}) &= \sqrt{(x_1 - y_1)^2 + \cdots + (x_n - y_n)^2} \\ &\leq \sqrt{d_2(\boldsymbol{x}, \boldsymbol{y})^2 + \cdots + d_2(\boldsymbol{x}, \boldsymbol{y})^2} \leq \sqrt{n}\, d_2(\boldsymbol{x}, \boldsymbol{y}) \end{aligned}$$

となり，$d(\boldsymbol{x}, \boldsymbol{y}) \leq \sqrt{n} d_2(\boldsymbol{x}, \boldsymbol{y})$. 距離 d_2 に関する開球を $B'_{\delta'}(\boldsymbol{a}) = \{\boldsymbol{x} \mid d_2(\boldsymbol{a}, \boldsymbol{x}) < \delta'\}$ とする．先の式より，$d_2(\boldsymbol{x}, \boldsymbol{y}) < \dfrac{\delta}{\sqrt{n}}$ なら $d(\boldsymbol{x}, \boldsymbol{y}) < \delta$ が成り立つ．したがって，$B'_{\frac{\delta}{\sqrt{n}}}(\boldsymbol{a}) \subset B_\delta(\boldsymbol{a})$. A が d に関して開集合ならば, $\forall \boldsymbol{a} \in A,\ \exists \delta > 0 : B_\delta(\boldsymbol{a}) \subset A$ が成り立つ．ここで，$\delta' = \dfrac{\delta}{\sqrt{n}}$ とすると, $B'_{\delta'}(\boldsymbol{a}) \subset B_\delta(\boldsymbol{a}) \subset A$. となる．したがって，$A$ は距離 d_2 に関しても開集合である．

逆に $A \subset \mathbb{R}^n$ が d_2 に関して開集合であるとすると, $\forall \boldsymbol{a} \in A, \exists \delta > 0 : B'_\delta(\boldsymbol{a}) \subset A$.

また，問題 3.4 より $d(\boldsymbol{x},\boldsymbol{y}) \leq d_2(\boldsymbol{x},\boldsymbol{y})$ が成り立つから $B_\delta(\boldsymbol{a}) \subset B'_\delta(\boldsymbol{a})$ が成り立つ．したがって，$B_\delta(\boldsymbol{a}) \subset A$ となり，A は d に関しても開集合である． □

4.2 点列コンパクト

この章では X は距離空間 (X,d) を表す．

定義 4.5（点列コンパクト）　$A \subset X$ が**点列コンパクト**であるとは，A の中の任意の点列は必ず A の中の点に収束する部分列をもつときをいう．つまり，
$\forall x_i \in A, i \in \mathbb{N}, \exists x_{i_n}: x_i\text{の部分列}, x_{i_n} \to x \in A.$

問題 4.5　$\mathbb{R}$ は点列コンパクトでないことを示せ．

解

$x_i = i, i \in \mathbb{N}$ とすると $x_i \in \mathbb{R}$ であり x_i のどの部分列もいくらでも大きくなり収束しない．よって $\mathbb{R}$ は点列コンパクトでない． □

問題 4.6　閉区間 $[a,b]$ は点列コンパクトであることを示せ．

考え方

区間縮小法を用いる．区間 $[a,b]$ を半分に分割して，点列の無限個の要素を含むものを考え，$[a_1,b_1]$ とする．次に，$[a_1,b_1]$ を半分に分割し，無限個を含むものを $[a_2,b_2]$ とする．これを繰り返し，各区間に含まれるように a_i の部分列をとり，区間縮小法を用いて，これが収束することを示す．

解

閉区間 $[a,b]$ の与えられた点列を $x_i, i \in \mathbb{N}$ とする．$\left[a, \dfrac{a+b}{2}\right]$ と $\left[\dfrac{a+b}{2}, b\right]$ の少なくとも一方は無限個の x_i を含む．その無限個の x_i を含む方を $[a_1, b_1]$ と書く．この $[a_1, b_1]$ に対しても同様に考え，$\left[a_1, \dfrac{a_1+b_1}{2}\right]$, $\left[\dfrac{a_1+b_1}{2}, b_1\right]$ の少なくとも一方は無限個の x_i を含む．そこで x_i の無限個を含む方を $[a_2, b_2]$ と書く．この議論をくり返すと無限個の x_i を含む閉区間の列 $A_k = [a_k, b_k]$ が得られる．各区間に含まれる $x_i \in [a_k, b_k]$ の中から 1 つずつ点 $x_{i_k} \in [a_k, b_k]$ をとる．このとき，各区間は無限個の x_i を含むから，すべての k について $i_k < i_{k+1}$ が成り立つようにとれる．区間縮小法から $\exists x_0 \in \bigcap_{i \in \mathbb{N}} A_i$．このとき $d(x_{i_k}, x_0) \leq (b_k - a_k) = \left(\dfrac{1}{2}\right)^k (b-a)$ となる．$k \to \infty$ のとき $d(x_{i_k}, x_0) \to 0$ となるので $x_{i_k} \to x_0$．よって閉区間は点列コンパクトであることがいえた． □

類題 4.6-1　四角形 $[a_1, b_1] \times [a_2, b_2] \subset \mathbb{R}^2$ は点列コンパクトであることを示せ．

ヒント

四角形 $[a_1, b_1] \times [a_2, b_2]$ を一辺の長さが半分の 4 つの四角形に分割し，いわば，四角形縮小法を用いる．あるいは，各座標について，順に考えてもよい．

類題 4.6-2　直方体 $[a_1, b_1] \times \cdots \times [a_n, b_n] \subset \mathbb{R}^n$ も点列コンパクトであることを示せ．

問題 4.7　$A_1, A_2 \subset X$ が点列コンパクトのとき，$A_1 \cup A_2$ も点列コンパクトであることを示せ．

考え方

与えられた $A_1 \cup A_2$ の点列の部分列として，A_1 か A_2 に含まれるものを選べばよい．

解

$A_1 \cup A_2$ の中の点列を $a_i \in A_1 \cup A_2, i \in \mathbb{N}$ とする．A_1, A_2 のどちらかは，無限個の a_i を含む．仮に，それを A_1 とする．A_1 に含まれる a_i によって $a_i, i \in \mathbb{N}$ の部分列 $a_{i_k}, k \in \mathbb{N}$ をつくる．すなわち，$a_{i_k} \in A_1, k \in \mathbb{N}$ である．A_1 は点列コンパクトより，$a_{i_k}, k \in \mathbb{N}$ の部分列 $a_{i_{k_j}}, j \in \mathbb{N}$ があって，$A_1 \subset A_1 \cup A_2$ の中の点に収束する．$a_{i_{k_j}}, j \in \mathbb{N}$ は $a_i, i \in \mathbb{N}$ の部分列でもある．A_2 が無限個の a_i を含む場合もまったく同様である．結局，$A_1 \cup A_2$ の中の点列は，$A_1 \cup A_2$ の中の点に収束する部分列をもつので，点列コンパクトである． □

類題 4.7-1 $A_1, A_2 \subset X$ が点列コンパクトのとき，$A_1 \cap A_2$ も点列コンパクトであることを示せ．

ヒント

$A_1 \cap A_2$ の中の点列を，A_1 の点列と考えると，ある部分列が A_1 の中の点に収束する．その部分列を A_2 の点列と考えると，収束する部分列の部分列がある．

問題 4.8 X, Y を距離空間とする．$A \subset X$：点列コンパクト，$f : A \to Y$ が連続写像のとき，$f(A)$ も点列コンパクトであることを示せ．

考え方

A の点列コンパクト性を用いるため，$f(A)$ の中の点列の逆像をとり，f の連続性を用いる．

解

$y_i \in f(A), i \in \mathbb{N}$ とすると，$\exists x_i \in A : y_i = f(x_i)$. A は点列コンパクトだから x_i はある $x_0 \in A$ に収束する部分列 $x_{i_k}, k \in \mathbb{N}$ をもつ．f は連続写像だから $k \to \infty$ のとき $f(x_{i_k}) = y_{i_k} \to f(x_0) \in f(A)$. ここで $f(x_{i_k}) = y_{i_k}$ は y_i の部分列だから $f(A)$ は点列コンパクトである． □

問題 4.9　$A \subset X$ が点列コンパクトで B が A に含まれる閉集合ならば B も点列コンパクトであることを示せ．

考え方

B の中の点列は A の中の点列でもあるから，収束する部分列がある．その収束先は $\overline{B} = B$ に含まれる．

解

$x_i \in B, i \in \mathbb{N}$ とすると $B \subset A$ より $x_i \in A$. A は点列コンパクトだから x_i はある $x_0 \in A$ に収束する部分列 $x_{i_k}, k \in \mathbb{N}$ をもつ．また B は閉集合だから $B = \overline{B}$ であり $x_0 \in \overline{B} = B$. よって B は点列コンパクトである（問題 3.44 参照）． □

次の問題 4.10 は実数の連続性に関わるので，一般の距離空間ではなく，ユークリッド空間での話となる．

問題 4.10　$A \subset \mathbb{R}^n$ が点列コンパクトであるための必要十分条件は A が有界閉集合であることを示せ．

考え方

「A が点列コンパクト $\Longrightarrow$ A は有界閉集合」は，対偶をとって「A は有界でない $\Longrightarrow$ A が点列コンパクトでない」と「A は閉集合でない $\Longrightarrow$ A が点列コンパクト でない」をいえばよい．A が有界でないなら，$\forall n \in \mathbb{N}, \exists x_n : x_n \in A, |x_n| > n$. これで得られた点列 x_n のどんな部分列も有界ではなく

収束しない．問題 3.42 を参考にする．A が閉集合でないなら，$A \neq \overline{A}$ であり，$\exists x \in A^c, \exists x_n \in A, n \in \mathbb{N} : x_n \to x$. x_n のどの部分列も $x \in A^c$ に収束し，A の点には収束しない．

「A は有界閉集合 $\Longrightarrow$ A が点列コンパクト」については，まず A が有界より，A を含む閉直方体が存在する．閉直方体は，点列コンパクトであるから，この中のどんな点列も収束する部分列をもつ．その点列が A の点列であれば，A は閉集合だから，収束先は A の中の点である．

解

「$A \subset \mathbb{R}^n$ が点列コンパクト $\Longrightarrow$ A は有界閉集合」を示す．「$A \subset \mathbb{R}^n$ が点列コンパクト $\Longrightarrow$ A は有界」と「$A \subset \mathbb{R}^n$ が点列コンパクト $\Longrightarrow$ A は閉集合」を示す．どちらも対偶を示す．

A が有界でないとすると，$\forall n \in \mathbb{N}, \exists x_n \in A : |x_n| \geq n$. この点列のどの部分列も有界ではなく収束しないので，A は点列コンパクトでない．A が閉集合でないとすると問題 3.44 より $\overline{A} \neq A$ だから，$\exists x \in A^c, \exists x_n \in A, n \in \mathbb{N} : x_n \to x$. x_n のどの部分列も $x \in A^c$ に収束し，A の点には収束しないので A は点列コンパクトでない．

A を有界とすると，$A \subset [a_1, b_1] \times \cdots \times [a_n, b_n]$ となる閉直方体が存在する．類題 4.6-2 より閉直方体は点列コンパクトであるので，A の中の点列 $x_i \in A, i \in \mathbb{N}$ はある $x_0 \in [a_1, b_1] \times \cdots \times [a_n, b_n]$ に収束する部分列 $x_{i_k}, k \in \mathbb{N}$ をもつ．$x_0 \in \overline{A}$ だが，A は閉集合だから $A = \overline{A}$ であり，$x_0 \in A$.

以上より $A \subset \mathbb{R}^n$ が点列コンパクトであるための必要十分条件は A が有界閉集合であることが示された．□

問題 4.11　（最大値定理）$A \subset X$ を空でない点列コンパクト集合，$f : A \to \mathbb{R}$ を連続写像とする．このとき f は A 上で最大値をとることを証明せよ．

考え方

$f(A)$ が上に有界を示し，$\sup f(A)$ が最大値であることを示す．

解

問題4.8より $f(A)$ は点列コンパクト，さらに問題4.10より $f(A)$ は有界になるので $M=\sup f(A)$ が存在する．これが $f(A)$ の最大値になっていることを示す．sup の定義から $\forall\varepsilon>0, \exists y\in f(A): M-\varepsilon<y$. ε は任意の正数なので $\varepsilon=\dfrac{1}{n}, n\in\mathbb{N}$ とする．つまり $\forall n\in\mathbb{N}, \exists y_n\in f(A): M-y_n<\dfrac{1}{n}$. $y_n\in f(A)$ だから，ある $x_n\in A$ が存在して $f(x_n)=y_n$. A は点列コンパクトだからある x_n の部分列 $x_{n_k}, k\in\mathbb{N}$ が存在して，$x_{n_k}\to x_0\in A$. f は連続写像だから $\lim_{k\to\infty} f(x_{n_k})=f(\lim_{k\to\infty} x_{n_k})=f(x_0)$. 一方，$M=\lim_{n\to\infty} y_n=\lim_{k\to\infty} y_{n_k}=\lim_{k\to\infty} f(x_{n_k})=f(x_0)$, $x_0\in A$ だから $M\in f(A)$. よって M は f の A 上での最大値である．□

類題 4.11-1　問題4.11と同じ A, f について，$f(A)$ が A 上で最小値をとることを示せ．

定義 4.6（部分距離空間）　(X,d) が距離空間で，$Y\subset X$ のとき，Y の任意の2点 $x, y\in Y$ に対して，$x, y\in X$ だから $d'(x,y)=d(x,y)$ と決める．(Y,d') に関しても (D_1), (D_2), (D_3) は成り立つから，(Y,d') も距離空間である．(Y,d') を (X,d) の**部分距離空間**という．

問題 4.12　(Y,d') が距離空間であることを示せ．

解

$x,y,z\in Y$ とすると，$Y\subset X$ だから，$x,y,z\in X$ であり，d に関しては (D_1), (D_2), (D_3) を満たす．しかし，$d'(x,y)=d(x,y)$ であるから，d' も (D_1), (D_2), (D_3) を満たす．したがって，(Y,d') も距離空間である．□

以下，(X,d) は距離空間とする．

4.3 完備距離空間

定義 4.7（完備距離空間）　距離空間 (X,d) の中のコーシー列が必ず収束するとき，(X,d) を**完備距離空間**という．

実数の連続性（第2章公理4）より $\mathbb{R}$ の中ではコーシー列は収束するから，$\mathbb{R}$ は完備距離空間である．

問題 4.13　次の集合を $\mathbb{R}$ の中の部分距離空間と考えたとき，完備であるかどうか調べよ．

(1) $A_1 = (0,1)$　(2) $A_2 = [0,1]$　(3) $A_3 = \{x \in [0,1] \mid x \text{ は有理数}\}$

考え方

A_1, A_2, A_3 は，$\mathbb{R}$ の部分距離空間である．$\mathbb{R}$ の中ではコーシー列は収束するから，その収束先が各々の空間におさまるかどうかを考えればよい．

解

(1) $(0,1)$ の中の点列 $a_i = \dfrac{1}{i}$, $i \in \mathbb{N}$ を考える．$\mathbb{R}$ の中では $a_i \to 0$ と収束するから，a_i はコーシー列である．しかし，0 は $(0,1)$ に含まれないので，a_i は $A_1(=(0,1))$ の中では収束しない．したがって，A_1 は完備ではない．

(2) a_i, $i \in \mathbb{N}$ を $[0,1]$ の中のコーシー列とする．a_i は $\mathbb{R}$ の中では収束するので，$a_i \to a_0 \in \mathbb{R}$ とする．$a_i \in [0,1], i \in \mathbb{N}$, $a_i \to a_0$ であるから，$a_0 \in \overline{[0,1]}$．しかし，$[0,1]$ は閉集合だから，$a_0 \in \overline{[0,1]} = [0,1]$．これは，$[0,1]$ が完備であることを示している．

(3) a_n を $\sqrt{2}-1$ の小数第 n 位までを残し，それ以下を切り捨てたものとする．たとえば，$a_1 = 0.4$, $a_2 = 0.41$, $a_3 = 0.414$, という具合である．このとき，$a_i \in A_3$ であるが，$a_i \to \sqrt{2}-1 \notin A_3$ であるから A_3 は完備ではない．　□

類題 4.13-1　(X,d) を完備距離空間とする．$Y \subset X$ が閉集合であるとき，Y も d に関して完備距離空間であることを示せ．

類題 4.13-2　$A = \left\{ \dfrac{1}{n} \,\middle|\, n \in \mathbb{N} \right\} \cup \{0\}$ は完備であることを示せ．

ヒント

A が閉集合である．$A^c = (-\infty, 0) \cup \left(\bigcup_{n \in \mathbb{N}} \left(\dfrac{1}{n+1}, \dfrac{1}{n} \right) \right) \cup (1, \infty)$ より，A^c は開集合であることが示せる．

4.4　連結性

定義 4.8（連結でない）　$A \subset X$ とする．次の 3 条件を満たす開集合 $U, V \subset X$ が存在するとき，A は**連結でない**という

(DC$_1$)　$A \subset U \cup V$

(DC$_2$)　$U \cap V = \emptyset$

(DC$_3$)　$U \cap A \neq \emptyset, V \cap A \neq \emptyset$

上のような U, V を，A を**分離する開集合**と呼ぶ．

注意

集合が連結であるとは，その集合について「連結でない」の否定が成り立つということである．したがって，集合の連結性をいうには，上の 3 条件を満たす開集合が存在しないことをいえばよい．

定義 4.9（連結）　$A \subset X$ とする．2 条件 $A \subset U \cup V, U \cap V = \emptyset$ を満たす開集合 $U, V \subset X$ に対しては，必ず，$U \cap A = \emptyset$，または，$V \cap A = \emptyset$ が成り立つならば，A は**連結**という．

注意

集合を分離する開集合が存在しない，というのが連結の定義の本質である．したがって，

条件 (DC_1)，(DC_3) を満たす開集合 U, V は条件 (DC_2) を満たさない．

条件 (DC_2)，(DC_3) を満たす開集合 U, V は条件 (DC_1) を満たさない．

条件 (DC_1)，(DC_2)，(DC_3) を満たす 2 つの集合 U, V の少なくとも一方は開集合ではない．

などの命題も先の連結の定義と同値である．

問題 4.14　集合 $\{0, 1\} \subset \mathbb{R}$ が連結でないことを示せ．

解

$\{0, 1\}$ を分離する 2 つの開集合が存在することを示せばよい．2 つの開区間 $U = \left(-\dfrac{1}{2}, \dfrac{1}{2}\right), V = \left(\dfrac{1}{2}, \dfrac{3}{2}\right)$ は開集合．$0 \in U, 1 \in V$ より，$\{0, 1\} \subset U \cup V$．$U \cap V = \emptyset, \{0, 1\} \cap U = \{0\} \neq \emptyset, \{0, 1\} \cap V = \{1\} \neq \emptyset$．これで，$\left(-\dfrac{1}{2}, \dfrac{1}{2}\right)$，$\left(\dfrac{1}{2}, \dfrac{3}{2}\right)$ は $\{0, 1\}$ を分離する開集合となるので $\{0, 1\}$ は連結でない．　□

類題 4.14-1　$a, b \in \mathbb{R}$ とし，2 点からなる集合 $\{a, b\} \subset \mathbb{R}$ $(a \neq b)$ は連結でないことを示せ．

類題 4.14-2　$a, b \in \mathbb{R}^n$ とし，2 点からなる集合 $\{a, b\} \subset \mathbb{R}^n$ $(a \neq b)$ は連結でないことを示せ．

問題 4.15　$a \in \mathbb{R}^n$ とし，1 点からなる集合 $\{a\} \subset \mathbb{R}^n$ は連結であることを示せ．

解

$\{a\} \subset U \cup V, U \cap V = \emptyset$ なる開集合 U, V を考える．$\{a\} \subset U \cup V$ より $a \in U \cup V$, $a \in U$ または $a \in V$ なので仮に $a \in U$ とする．このとき，$U \cap V = \emptyset$ から $a \notin V$ したがって，$\{a\} \cap V = \emptyset$. また，$a \in V$ とすると同様にして，$\{a\} \cap U = \emptyset$. したがって，$\{a\}$ は連結である．□

問題 4.16　$\mathbb{Q} \subset \mathbb{R}$ を有理数全体からなる集合とする．このとき，$\mathbb{Q}$ は連結でないことを示せ．

考え方

無理数 α をとり，開集合 $U = (-\infty, \alpha), V = (\alpha, \infty)$ を考えれば，これらが，$\mathbb{Q}$ を分離する開集合となる．

解

$\mathbb{Q}$ を分離する開集合が存在することを示す．$\sqrt{2}$ は無理数であるので，$\sqrt{2} \notin \mathbb{Q}$. ここで，2 つの開区間 $U = (-\infty, \sqrt{2}), V = (\sqrt{2}, \infty)$ が $\mathbb{Q}$ を分離する開集合であることを示す．U, V は開区間なので開集合．また，$U \cup V = \mathbb{R} - \{\sqrt{2}\} \supset \mathbb{Q}, U \cap V = \emptyset$. さらに，$0 \in \mathbb{Q}$ かつ $0 \in U$ であるので $\mathbb{Q} \cap U \neq \emptyset$, $2 \in \mathbb{Q}$ かつ $2 \in V$ であるので $\mathbb{Q} \cap V \neq \emptyset$. したがって，$U, V$ は $\mathbb{Q}$ を分離する開集合である．これで $\mathbb{Q}$ が連結でないことが示された．□

類題 4.16-1　B を無理数からなる集合とする．このとき，B は連結でない．

問題 4.17　$A \subset \mathbb{R}$ とする．このとき，「A は連結 $\Longleftrightarrow$ A は区間」を示せ．

注意

区間とは次のものを指す．$(a,b),[a,b),[a,b],(a,b]$. ここで，$a=-\infty$, $b=\infty$ も許す． A が区間ならば，$\alpha,\beta\in A,\alpha\leq\beta,\Longrightarrow[\alpha,\beta]\subset A$ が成り立ち，逆も成り立つ．

考え方

$\Longrightarrow$) 対偶を示す．

$\Longleftarrow$) 区間縮小法を用いる．

解

$\Longrightarrow$) 対偶を示す． A が区間でないとすると, 上の注意より, ある2点 $a,b\in A,a<b$ と $c\notin A$ である $c\in(a,b)$ が存在する． $U=(-\infty,c),V=(c,\infty)$ とすれば U,V は開集合で，$U\cup V=\mathbb{R}-\{c\}\supset A$ であり， $U\cap V=\emptyset$ である．また，$a\in A\cap U,b\in A\cap V$ である．したがって U,V は A を分離する開集合となり，A は連結でない．

$\Longleftarrow$) 区間 A が連結でないとする． A を分離する開集合 U,V が存在する．つまり U,V は, $(\mathrm{DC}_1),(\mathrm{DC}_2),(\mathrm{DC}_3)$ を満たす． (DC_3) より, $\exists a_0\in U\cap A$, $\exists b_0\in V\cap A$. 仮に $a_0<b_0$ とする（$a_0>b_0$ のときも議論は同様である）．上の注意より $c_0=\dfrac{a_0+b_0}{2}\in A$. したがって，$(\mathrm{DC}_1)$ より $c_0\in U$ か $c_0\in V$. $c_0\in U$ のとき， $a_1=c_0,b_1=b_0$ とし， $c_0\in V$ のとき， $a_1=a_0,b_1=c_0$ とする．どちらの場合も，$a_1\in U\cap A,b_1\in V\cap A$ である． $c_1=\dfrac{a_1+b_1}{2}\in A$ とすると $c_1\in U$ または $c_1\in V$. $c_1\in U$ のとき， $a_2=c_1,b_2=b_1$ とし， $c_1\in V$ のとき， $a_2=a_1,b_2=c_1$ とする．

以下この議論を繰り返すと縮小する閉区間の列， $A_i=[a_i,b_i]$, $i\in\mathbb{N}$ が得られる．区間縮小法から $\exists d\in\bigcap_{i\in\mathbb{N}}A_i$. 当然 $d\in[a_1,b_1]\subset A$ だから $d\in U$ かまたは $d\in V$ である． $d\in U$ とすると， U は開集合だから， $\exists\delta>0$: $(d-\delta,d+\delta)\subset U$. 区間 A_i の長さ (b_i-a_i) は $\left(\dfrac{1}{2}\right)^i(b_0-a_0)$ だから十分大きな N をとれば,（区間 A_N の長さ）$<\delta$ となる． $d\in A_N$ だから $A_N=[a_N,b_N]\subset(d-\delta,d+\delta)\subset U$. しかし b_N の決め方から $b_N\in V$ であったのでこれは (DC_2) に反する．
$d\in V$ の場合も同様の議論ができて矛盾が出るので，区間は連結である． □

問題 4.18 連結集合の閉包は連結である.

考え方

対偶を示す. $\overline{A}$ を分離する開集合 U, V が A を分離する開集合になることを確かめればよい.

解

対偶を示す. $\overline{A}$ が連結でないとすると $\overline{A}$ を分離する開集合 U, V が存在する. すなわち, $\overline{A} \subset U \cup V, U \cap V = \emptyset, U \cap \overline{A} \neq \emptyset, V \cap \overline{A} \neq \emptyset$. が成り立つ. $U \cap \overline{A} \neq \emptyset$ より $x \in U \cap \overline{A}$ が存在する. $x \in \overline{A}$ より, 閉包の定義によって, 点列 $x_i \in A, i \in \mathbb{N} : x_i \to x$ が存在する. U は開集合だから, $\exists \delta > 0 : B_\delta(x) \subset U$. $x_i \to x$ より, $\exists N : d(x_N, x) < \delta$. このとき, $x_N \in B_\delta(x) \subset U$. したがって, $x_N \in U \cap A$ となって, $U \cap A \neq \emptyset$. 同様にして, $V \cap \overline{A} \neq \emptyset$ より $V \cap A \neq \emptyset$. がいえる. $A \subset \bar{A} = U \cup V, U \cap V = \emptyset$ は成り立つから A は連結でない. □

(X, d) を距離空間, (Y, d') も距離空間とする. 混乱の恐れがないので, Y の距離も d で表すことも多い.

問題 4.19 $A \subset X$ を連結, $f : X \to Y$ を連続写像とする. このとき, $f(A) \subset Y$ も連結である.

考え方

これもまた対偶を証明する. $f(A)$ を分離する開集合 U, V の逆像 $f^{-1}(U)$, $f^{-1}(V)$ が A を分離する開集合になっていることを確かめればよい.

解

対偶を示す. $f(A)$ が連結でないとすると, 開集合 U, V がとれ, $f(A) \subset U \cup V, U \cap V = \emptyset, U \cap f(A) \neq \emptyset, V \cap f(A) \neq \emptyset$. ここで, $f^{-1}(U), f^{-1}(V)$ が A を分離することを示す. 開集合の連続写像に関する逆像は開集合であるの

で，$f^{-1}(U), f^{-1}(V)$ は開集合．$x \in A$ に対し，$f(x) \in f(A) \subset U \cup V$ より，$x \in f^{-1}(U \cup V) = f^{-1}(U) \cup f^{-1}(V)$．よって，$A \subset f^{-1}(U) \cup f^{-1}(V)$．また $x \in f^{-1}(U) \cap f^{-1}(V)$ が存在するとすると，$f(x) \in U \cap V$ となって仮定 $U \cap V = \emptyset$ に反する．したがって，$f^{-1}(U) \cap f^{-1}(V) = \emptyset$. $U \cap f(A) \neq \emptyset$ より，$\exists y \in U \cap f(A)$. $y \in f(A)$ より $f(x) = y$ となる $x \in A$ が存在する．$f(x) \in U$ より，$x \in f^{-1}(U)$ であり，$f^{-1}(U) \cap A \neq \emptyset$ となる．

同様にして，$f^{-1}(V) \cap A \neq \emptyset$．以上より，$f^{-1}(U), f^{-1}(V)$ は A を分離する開集合である．□

問題 4.20　（中間値の定理）集合 $X \subset \mathbb{R}$ を連結，写像 $f : X \to \mathbb{R}$ を連続とする．このとき，$a, b \in f(X)$ $(a < b)$ に対し，$[a, b] \subset f(X)$ となる．

解

問題 4.19 より，$f(X)$ は連結である．$f(X) \subset \mathbb{R}$ であるので，問題 4.17 から $f(X)$ は区間である．したがって，$a, b \in f(X)$ より，$[a, b] \subset f(X)$．□

問題 4.21　集合 $A \subset X$ が連結であることと，A から $\mathbb{R}$ への多くとも 2 つの値しかとらない連続写像は定値写像に限ることとは同値である．

考え方

$f(A) \subset \{a, b\}$ とする．

$\Longrightarrow$）$a \neq b$ なら $\{a, b\}$ が連結でないことを用いる．

$\Longleftarrow$）対偶を証明する．すなわち，A が連結集合でないとしたとき，A 上の 2 つの値をとる連続写像が存在することを示す．

解

$\Longrightarrow$）写像 $f : A \to \mathbb{R}$ を連続とし，$f(A) \subset \{a, b\}$ とする．A は連結であるので，問題 4.19 より $f(A)$ は連結集合である．$\{a, b\}$ は連結でないので，$f(A) = \{a\}$ または $f(A) = \{b\}$．つまり f は定値写像である．

$\Longleftarrow$ ）対偶を示す．A が連結でないとする．「連結でない」の定義によって，A を分離する開集合の組 U, V がとれる．ここで，写像 $f : A \to \mathbb{R}$ を

$$f(x) = \begin{cases} a & (x \in A \cap U \text{ のとき}) \\ b & (x \in A \cap V \text{ のとき}) \end{cases}$$

と決める．ここで，$a \neq b$ とする．$x \in U \cap A$ のとき，U は開集合だから，$\exists \delta > 0 : B_\delta(x) \subset U$．したがって，$y \in A$ に対し，$|y - x| < \delta$ なら $y \in U$ で $f(y) = a$ となり，f は x で連続．$x \in V \cap A$ のときも同様にして，f は x で連続．$A \cap U \neq \emptyset$, $A \cap V \neq \emptyset$ だから f は 2 つの値をとる連続写像である．これで対偶が示された． □

問題 4.22 A, B を連結集合とする．このとき，$A \cap B \neq \emptyset$ ならば $A \cup B$ も連結となることを示せ．

考え方

問題 4.21 を使う．値が 2 点以内である f は定値写像になることを示す．f をそれぞれ A, B に制限すれば，A, B は連結なので f はそれぞれで定値写像になる．それらの値が同じであることをいえばよい．

解

写像 $f : A \cup B \to \mathbb{R}$ を連続で，$f(A \cup B) \subset \{a,b\}$ とする．ここで定義域を A に限った f の制限 $f_{|A} : A \to \mathbb{R}$ を考える．A は連結であるので，問題 4.21 より，$f_{|A}(A) = \{a\}$ または $f_{|A}(A) = \{b\}$ が成り立つ．$f_{|A}(A) = \{a\}$ の場合を考える．$A \cap B \neq \emptyset$ より，$\exists x_0 \in A \cap B$. $x_0 \in A$ より $f(x_0) = a$. 定義域を B に限った f の制限 $f_{|B} : B \to \mathbb{R}$ を考えると $f_{|B}(B) = \{a\}$ または $f_{|B}(B) = \{b\}$. $x_0 \in B$ かつ $f(x_0) = a$ であるから，$f_{|B}(B) = \{a\}$．したがって $f(A \cup B) = \{a\}$, すなわち f は定値写像である．$f_{|A}(A) = \{b\}$ の場合もまったく同様．ここで，再び問題 4.21 より，$A \cup B$ は連結である． □

類題 4.22-1 $A_\alpha, \alpha \in I$ は連結で $\bigcap_{\alpha \in I} A_\alpha \neq \emptyset$ のとき，$\bigcup_{\alpha \in I} A_\alpha$ も連結であることを示せ．

問題 4.23　集合 $A \subset X$ が連結で，$A \subset B \subset \overline{A}$ のとき，B も連結となることを示せ．

考え方

「A が連結 $\Longrightarrow$ B が連結」の対偶を示す．B を分離する開集合が A をも分離することをいえばよい．

解

対偶を示す．$A \subset B \subset \overline{A}$ とする．B が連結でないと仮定する．B を分離する開集合を U, V とする．$B \subset U \cup V$, $U \cap V = \emptyset$, $B \cap U \neq \emptyset$, $B \cap V \neq \emptyset$.

ここで，この U, V が A を分離する開集合でもあることを示す．

$A \subset B$ より $A \subset B \subset U \cup V$. さらに $U \cap V = \emptyset$. $B \cap U \neq \emptyset$ より $x \in B \cap U$ となる x が存在する．$B \subset \overline{A}$ より $x \in \overline{A}$. U : 開集合より $\exists \delta > 0 : B_\delta(x) \subset U$. $x \in \bar{A}$ より，$\exists x_i \in A : x_i \to x$. したがって，十分大きな N に対して $x_N \in B_\delta(x)$ となる．すなわち，$x_N \in U \cap A$. 同様にして，$V \cap A \neq \emptyset$. もいえる．U, V は A を分離する開集合であり，A は連結でない．□

問題 4.24　係数が実数である奇数次の方程式

$$f(x) = a_0 x^n + a_1 x^{n-1} + \cdots + a_{n-1} x + a_n, \quad f(x) = 0, \ (a_0 \neq 0, n : 奇数)$$

は実解をもつことを示せ．

考え方

$f : \mathbb{R} \to \mathbb{R}$ は連続写像だから中間値の定理 (問題 4.20) を適用することができる．$f(x)$ の最高次が奇数なので，$|x|$ を正負に十分大きくすれば正の値と負の値が得られる．

解

$a_0 > 0$ ならば $\lim_{x \to -\infty} f(x) = -\infty$, $\lim_{x \to \infty} f(x) = \infty$ となる．したがって，ある $a < b$ に対して $f(a) < 0$, $0 < f(b)$ が成り立つ．ここで中間値の定理を用いて，$0 \in [f(a), f(b)] \subset f(\mathbb{R})$ となる．すなわち，$f(x_0) = 0$ となる $x_0 \in \mathbb{R}$ が存在する．x_0 は $f(x) = 0$ の実解である．$a_0 < 0$ の場合も同様である． □

問題 4.25　$U, V \subset X$ を開集合，$U \cap V = \emptyset$ とする．A が連結で $A \subset U \cup V$ ならば，A は U か V のどちらか一方に含まれることを示せ．

考え方

$A \subset U \cup V$ のときは，"$A \cap V = \emptyset \Longrightarrow A \subset U$", "$A \cap U = \emptyset \Longrightarrow A \subset V$" がいえる．

解

仮に，$A \cap U \neq \emptyset, A \cap V \neq \emptyset$ であるとすると，$A \subset U \cup V$, $U \cap V = \emptyset$ が成り立ち，U, V は A を分離する開集合となり，仮定に反する．ゆえに $A \cap U = \emptyset$ または $A \cap V = \emptyset$. これは $A \subset U \cup V$ より，$A \subset V$ または $A \subset U$ を意味する．

□

定義 4.10（連結成分）　$A \subset X$ とする．$x \in A$ に対し，x を含み A に含まれるような連結集合すべての和集合を点 x を含む A の**連結成分**といい A_x と表す．

問題 4.26　A_x は x を含み A に含まれる最大の連結集合であることを示せ．

考え方

「A_x は連結である」ことと「連結集合 B が $x \in B \subset A$ なら $B \subset A_x$ である」ことの 2 つを示せばよい．

解

A_x を構成するもとの各集合は連結であって x を共通部分にもつので類題 4.22-1 より A_x は連結．$B \subset A$ を $x \in B$ なる連結集合とすると A_x は定義より x を含み A に含まれるような連結集合すべての和集合であるので $B \subset A_x$．よって A_x は x を含む最大の連結集合である．□

問題 4.27　$A \subset X$ とする．このとき，$A = \bigcup_{x \in A} A_x$ を示せ．

考え方

$\{x\}$ は連結なので，$\{x\} \subset A_x$.

解

$y \in A$ に対し，$\{y\}$ は連結だから $y \in A_y \subset \bigcup_{x \in A} A_x$．これは，$A \subset \bigcup_{x \in A} A_x$．を意味する．

次に，$\bigcup_{x \in A} A_x \subset A$ を示す．各 $x \in A$ について，A_x は A に含まれる集合の和集合なので，$A_x \subset A$．これが，すべての $x \in A$ について成り立つから，$\bigcup_{x \in A} A_x \subset A$.

以上より，$A = \bigcup_{x \in A} A_x$ が示された．□

問題 4.28　$A \subset X$ とする．$x, y \in A$ に対し，$A_x \cap A_y \neq \emptyset \Longrightarrow A_x = A_y$ を示せ．

解

A_x と A_y はそれぞれ連結だから，$A_x \cap A_y \neq \emptyset$ とすると問題 4.22 より $A_x \cup A_y$ も連結である．さらに，$x \in A_x \subset A_x \cup A_y$ より $A_x \cup A_y$ は x を含む A の連結集合．連結成分の定義より，$A_x \cup A_y \subset A_x$．すなわち，$A_y \subset A_x$．同様にして，$A_x \subset A_y$．以上より $A_x = A_y$ が示された．□

第 5 章 位相空間

5.1 位相空間

定義 5.1 （位相空間）　集合 X の部分集合を要素とする集合 $\mathbb{O}(X)$ が決まっていて次の 3 つの条件を満たすとき $(X, \mathbb{O}(X))$ を位相空間という．

(O_1)　$\emptyset, X \in \mathbb{O}(X)$

(O_2)　$U_\alpha \in \mathbb{O}(X), \alpha \in \Lambda \Longrightarrow \bigcup_{\alpha \in \Lambda} U_\alpha \in \mathbb{O}(X)$

(O_3)　$U_1, \cdots, U_n \in \mathbb{O}(X) \Longrightarrow U_1 \cap \cdots \cap U_n \in \mathbb{O}(X)$

$A \in \mathbb{O}(X)$ のとき A を開集合といい，$\mathbb{O}(X)$ を X 上の位相，あるいは開集合の族という．また条件 $(\mathrm{O}_1), (\mathrm{O}_2), (\mathrm{O}_3)$ を開集合の公理という．

なお，$\mathbb{O}(X)$ を明示せず，単に X を位相空間といういい方をする場合も多い．

コメント

位相空間論の教科書では，開集合族から理論を展開するスタイルが今は定着している．昔には，閉集合族，近傍系，その他から出発するいろいろな方法があった．理論をすっきり展開するには開集合族を基本とするのがよいが，直感的な理解には近傍系を基本にする方がわかりやすいと思う．というのは，「開集合」とは何かを理解するのが難しいからである．開集合とは，その中の各点が内点であるものであった．いいかえると，開集合自身がその各点の近傍になるものである．境界点を含まないという意味で「開」なのだが，「開」という文字の意味から開集合の意味を推測するのは危険性がある．必ず定義に戻るのがよい．次のように理解すると直感的にわかりやすいと思う．数学の概念にはローカルなものとグローバルなものがあり，「近傍」はローカルな概念である．そして「開集合」は近傍の概念のグローバルバージョンと捉える．

注意

1 つ 1 つの要素が集合である集合を**集合族**，あるいは単に**族**と呼ぶ．$\mathbb{O}(X)$ は集合族である．

A が開集合とは A がその各点の近傍になっているときである．距離空間の場合には，標準的な開集合の決め方がある．

定義 5.2（距離空間での開集合）　(X, d) : 距離空間において，$A \subset X$ が開集合であるとは，

$$\forall a \in A, \exists \delta > 0 : B_\delta(a) \subset A$$

が成り立つことである．いいかえると，$\mathrm{Int} A = A$ が成り立つときである．

問題 5.1　距離空間 (X, d) について，上のようにして決めた開集合が，位相空間の公理 $(\mathrm{O}_1), (\mathrm{O}_2), (\mathrm{O}_3)$ を満たすことを示せ．

考え方

位相空間の公理 $(\mathrm{O}_1), (\mathrm{O}_2), (\mathrm{O}_3)$ を満たすことを順に確かめていけばよい．問題 3.24，問題 3.25，問題 3.30，問題 3.31 の証明は d に関する距離の公理だけを用いているので，一般の距離空間でも同じことが成り立つ．

解

(O_1) $X, \emptyset$ は問題 3.24，3.25 より開集合であるので成り立つ．
(O_2) 問題 3.30 より成り立つ．
(O_3) 問題 3.31 より成り立つ．　□

コメント

$\mathbb{R}^n$ については，特に断らない限り，標準の距離とそれによって決まる位相が入っているものとして扱う．

■定義 5.3■（閉集合の族） 集合 X において開集合の族が与えられていれば，開集合の補集合からなる族として**閉集合の族**も決まる．それを $\mathbb{F}(X)$ で表す．すなわち，$F \in \mathbb{F}(X)$ のとき F を**閉集合**という．F が閉集合とは，F^c が開集合のときをいう．

問題 5.2 a, b, c を相異なる 3 点とし，$X = \{a, b, c\}$ としたとき，X の開集合の族の与え方として以下を考える．それぞれ X が位相空間となっているかを調べよ．

（1）$\mathbb{O}(X) = \{X, \emptyset\}$

（2）$\mathbb{O}(X) = \{X, \{a, b\}, \emptyset\}$

（3）$\mathbb{O}(X) = \{X, \{a\}, \{b\}, \emptyset\}$

（4）$\mathbb{O}(X) = \{X, \{a, b\}, \{b, c\}, \emptyset\}$

（5）$\mathbb{O}(X) = \{X, \{a, b\}, \{b, c\}, \{b\}, \emptyset\}$

（6）$\mathbb{O}(X) = \{X, \{a, b\}, \{b, c\}, \{c, a\}, \{a\}, \{b\}, \{c\}, \emptyset\}$

考え方

それぞれについて $\mathbb{O}(X)$ の要素が $(\mathrm{O}_1), (\mathrm{O}_2), (\mathrm{O}_3)$ を満たすかどうかをすべて確かめていけばよい．

解

(1) (O_1) $X, \emptyset \in \mathbb{O}(X)$. (O_2) $X \cup \emptyset = X \in \mathbb{O}(X)$. (O_3) $X \cap \emptyset = \emptyset \in \mathbb{O}(X)$. 位相空間である．

(2) (O_1) $X, \emptyset \in \mathbb{O}(X)$.$(\mathrm{O}_2)$ $X \cup \{a, b\} = X \in \mathbb{O}(X)$. $\{a, b\} \cup \emptyset = \{a, b\} \in \mathbb{O}(X)$.$X \cup \{a, b\} \cup \emptyset = X \in \mathbb{O}(X)$. (O_3) $X \cap \{a, b\} = \{a, b\} \in \mathbb{O}(X)$. $X \cap \emptyset = \{a, b\} \cap \emptyset = X \cap \{a, b\} \cap \emptyset = \emptyset \in \mathbb{O}(X)$. 位相空間である．

(3) (O_1) $X, \emptyset \in \mathbb{O}(X)$. (O_2) $\{a\} \cup \{b\} = \{a, b\} \notin \mathbb{O}(X)$. 位相空間にはなっていない（公理を順に成り立つか考えたのだが，3 つの公理の 1 つでも成り立たなければ位相空間にはならないのだから，実は (O_1) に触れる必要はなかった）．

(4) (O_2) $\{a, b\} \cap \{b, c\} = \{b\} \notin \mathbb{O}(X)$. 位相空間ではない．

(5) (O_1) $X, \emptyset \in \mathbb{O}(X)$.　(O_2) $\mathbb{O}(X)$ の中の要素の和集合がまた $\mathbb{O}(X)$ の中の要素となっているかを確かめるのだが, 和集合をとる要素の中に X があると必ずその和集合は X となり $X \in \mathbb{O}(X)$ なので (O_2) を満たす. また $\emptyset$ はどんな集合と和集合をとってももとの集合のままであるので結局 $X, \emptyset$ 以外の $\mathbb{O}(X)$ の要素について確かめればよい. $\{a,b\} \cup \{b,c\} = \{a,b,c\} \in \mathbb{O}(X)$. $\{b,c\} \cup \{b\} = \{b,c\} \in \mathbb{O}(X)$. $\{a,b\} \cup \{b\} = \{a,b\} \in \mathbb{O}(X)$. $\{a,b\} \cup \{b,c\} \cup \{b\} = \{a,b,c\} \in \mathbb{O}(X)$.　(O_3) $\mathbb{O}(X)$ の中の要素の共通部分がまた $\mathbb{O}(X)$ の中の要素となっているかを確かめるのだが共通部分をとる要素の中に $\emptyset$ があると必ずその共通部分は $\emptyset$ となり $\emptyset \in \mathbb{O}(X)$. また X はどんな集合と共通部分をとってももとの集合のままであるので結局 $X, \emptyset$ 以外の $\mathbb{O}(X)$ の要素について確かめればよい.　$\{a,b\} \cap \{b,c\} = \{b\} \in \mathbb{O}(X)$. $\{b,c\} \cap \{b\} = \{b\} \in \mathbb{O}(X)$. $\{a,b\} \cap \{b\} = \{b\} \in \mathbb{O}(X)$. $\{a,b\} \cap \{b,c\} \cap \{b\} = \{b\} \in \mathbb{O}(X)$. 位相空間である.

(6) (O_1) $X, \emptyset \in \mathbb{O}(X)$.　$(O_2), (O_3)$ $\mathbb{O}(X)$ は X のすべての部分集合の集合族である. X のどんな部分集合をとってきてもその和集合, 共通部分は必ず X の部分集合になるので $\mathbb{O}(X)$ の中の要素のどの組み合わせで和集合, 共通部分をとっても必ず $\mathbb{O}(X)$ の要素になる. よって $(O_2), (O_3)$ は成り立つ. 位相空間である. □

問題 5.3　(部分位相空間) $(X, \mathbb{O}(X))$ を位相空間, $Y \subset X$ とする. このとき,

$$V \in \mathbb{O}(Y) \Longleftrightarrow \exists U \in \mathbb{O}(X) : V = U \cap Y$$

と定めると, $(Y, \mathbb{O}(Y))$ は位相空間になることを示せ.

考え方

「$\mathbb{O}(X)$ が開集合の公理を満たす」ことより「$\mathbb{O}(Y)$ も開集合の公理を満たす」ことを示せばよい.

解

(O_1)　$\emptyset \in \mathbb{O}(X)$, $\emptyset = Y \cap \emptyset$ より, $\emptyset \in \mathbb{O}(Y)$. $X \in \mathbb{O}(X), Y = Y \cap X$ より $Y \in \mathbb{O}(Y)$.

(O_2)　$V_\alpha \in \mathbb{O}(Y), \alpha \in \Lambda$ のとき, $\exists U_\alpha \in \mathbb{O}(X)$: $V_\alpha = Y \cap U_\alpha$. このとき,

$\bigcup_{\alpha\in\Lambda} V_\alpha = \bigcup_{\alpha\in\Lambda}(U_\alpha \cap Y) = \left(\bigcup_{\alpha\in\Lambda} U_\alpha\right) \cap Y$ であり，$\bigcup_{\alpha\in\Lambda} U_\alpha \in \mathbb{O}(X)$ だから，$\bigcup_{\alpha\in\Lambda} V_\alpha \in \mathbb{O}(Y)$ が成り立つ．

(O_3) $V_i \in \mathbb{O}(Y), i = 1, 2, \cdots, k$ とする．このとき，$\exists U_i \in \mathbb{O}(X) : V_i = U_i \cap Y$. $U_1 \cap U_2 \cap \cdots \cap U_k \in \mathbb{O}(X)$ より，$V_1 \cap V_2 \cap \cdots \cap V_k = (U_1 \cap Y) \cap (U_2 \cap Y) \cap \cdots \cap (U_k \cap Y) = (U_1 \cap U_2 \cap \cdots \cap U_k) \cap Y \in \mathbb{O}(Y)$ が成り立つ． □

$(Y, \mathbb{O}(Y))$ を X の**部分位相空間**，あるいは，単に**部分空間**という．

定義 5.4（近傍） 位相空間 X において，$x \in X$, $U \subset X$, $x \in U$ とする．このとき，$x \in O \subset U$ となる開集合 O が存在するならば U を x の**近傍**という．

問題 5.4 U が開集合であることと，U が U の各点の近傍となっていることとは必要十分であることを示せ．

考え方

近傍の定義に戻ればよい．

解

$\Longrightarrow$)U を開集合とする．$a \in U$ なら，$a \in U \subset U$ より，U は a の近傍である．

$\Longleftarrow$)$a \in U$ とすると，仮定より U は a の近傍，すなわち，$\exists V_a$：開集合，$a \in V_a \subset U$. このとき，$\bigcup_{a\in U} V_a = U$ が成り立つ．なぜなら，$a_0 \in U$ なら，$a_0 \in V_{a_0} \subset \bigcup_{a\in U} V_a$，したがって，$U \subset \bigcup_{a\in U} V_a$ であり，また，$\forall a, V_a \subset U$ より $\bigcup_{a\in U} V_a \subset U$ も成り立つからである．したがって，U は開集合の和集合となり開集合である． □

コメント

(X, d) が距離空間のとき，$B_r(a)$ は開集合であり，$a \in B_r(a) \subset B_r(a)$ であるから，$B_r(a)$ は a の近傍である．位相空間における「a の近傍」はまさ

に $B_r(a)$ を距離を使わずに与えたものなのである．したがって，距離空間での「$\forall\varepsilon > 0, B_\varepsilon(a)\ \cdots$」という文は，位相空間では「$\forall U : a$ の近傍 $\cdots$」とおき換わり，「$\exists\delta > 0 : B_\delta(a)\cdots$」は「$\exists U : a$ の近傍 $\cdots$」とおき換わる．以下の点列の定義もそうなっている．このようにして距離空間での多くの議論が位相空間に拡張される．

定義 5.5（点列の収束）　位相空間 X において，点列 x_i が x に**収束する**とは，

$$\forall U : x \text{ の近傍},\ \exists N : n \geq N \Longrightarrow x_n \in U.$$

が成り立つことをいう．

コメント

上の命題はどんな（に小さな）x の近傍 U をとっても，適当に（十分大きな）N をとれば，$n \geq N$ なる x_n はすべて U に含まれるということであり，距離空間での定義と意味合いは同じである．

定義 5.6（連続，連続写像）　位相空間 X, Y において $f : X \to Y$ が $a \in X$ において**連続**であるとは

「$f(a)$ の任意の近傍 U の f による逆像 $f^{-1}(U)$ が a の近傍」

になるときである．これが X の任意の点で成り立つとき，f を**連続写像**，あるいは，単に f が連続であるという．

問題 5.5　$f : X \to Y$ が連続であるための必要十分条件は，Y の任意の開集合 $U \subset Y$ に対して，その逆像 $f^{-1}(U)$ が常に開集合であることである．

考え方

近傍と開集合をつなげればよい．開集合は，その中の点の近傍になっていることと近傍の定義を用いればよい．

解

$\Longrightarrow$) U を Y の開集合とし，$x \in f^{-1}(U)$ とする．$f(x) \in U$ だから，U は $f(x)$ の近傍である．f が $x \in X$ で連続であることから，$f^{-1}(U)$ は x の近傍である．x は $f^{-1}(U)$ の任意の点であったから，問題 5.4 より $f^{-1}(U)$ は開集合である．

$\Longleftarrow$) $x \in X$ とし，N を $f(x)$ の近傍とする．近傍の定義から，$\exists U$: 開集合，$f(x) \in U \subset N$ が成り立つ．仮定から $f^{-1}(U)$ も開集合．$x \in f^{-1}(U) \subset f^{-1}(N)$ だから，$f^{-1}(N)$ は x の近傍である．□

コメント

上の問題でもわかるように，「近傍」と「開集合」とは「局所的」なものと「大域的」なものという関係になっている．開集合とは何かを一言でいうのは難しいが，近傍は空間での「周り」という概念であり直感的にわかりやすい．開集合はその大域版と捉えればよい．開集合全体が与えられると，それから近傍が決まる．また，逆にはじめに近傍全体が与えられていても，内点の概念が決まり開集合も決まる．

集合 X とその各点 $x \in X$ に対して，近傍全体 $\mathcal{U}(x)$ が与えられているとき，$\mathcal{U}(x), x \in X$ の全部を指して近傍系と呼ぶ．

定義 5.7（基本近傍系） x の近傍全体を $\mathcal{U}(x)$ と書く．$\hat{\mathcal{U}}(x) \subset \mathcal{U}(x)$ が次の条件を満たすとき，$\hat{\mathcal{U}}(x)$ を x の基本近傍系という．

$$\forall U \in \mathcal{U}(x),\ \exists O \in \hat{\mathcal{U}}(x) : O \subset U$$

コメント

距離空間の場合，点列の収束や写像の連続性を議論するときに，「$\forall \varepsilon > 0, B_\varepsilon(a) \cdots$」という命題は，内容的には「どんなに小さな開球 $B_\varepsilon(a)$ に対しても $\cdots$」という意味であった．したがって，$\varepsilon > 0$ であるすべての開球ではなく，いくらでも小さくなる開球，たとえば，$B_{\frac{1}{n}}(a), n \in \mathbb{N}$ だけに対して議論したのでも十分であった．一般の位相空間でも収束や連続性に関しては，「すべての近傍に対して $\cdots$」という場合，実は「どんなに小さな近傍に対しても $\cdots$」という意味であるので，すべてではなく，上に定義した基本近傍系のメンバーに対してのみ議論すればよい．逆にいえば，基本近傍系とは，近傍系全部を考えるのは大変なので，その中の都合のよい一部だけを考えようということなのである．$\mathbb{R}^n$ において $\hat{\mathcal{U}}(x) = \{B_{\frac{1}{n}}(x) \mid n \in \mathbb{N}\}$ とおけば $\hat{\mathcal{U}}(x)$ は x の基本近傍系である．これより $\mathbb{R}^n$ においては各点の基本近傍系として可算のものがとれることがわかる．

定義 5.8（第 1 可算公理）　位相空間 X の各点 x の近傍系 $\mathcal{U}(x)$ に対して，可算個からなる基本近傍系がとれるとき，X は**第 1 可算公理を満たす**という．

コメント

第 1 があるならば，第 2 もあるのか．X の各点の基本近傍系全部を合わせても可算個になるような基本近傍系がとれるとき，X は第 2 可算公理を満たすという．この概念は本書では出てこない．

定義 5.9（閉包）　位相空間 X において $A \subset X$ の**閉包** $\overline{A}$ は次のように定義される．

$$\overline{A} = \{x \mid \forall U : x \text{ の近傍},\ U \cap A \neq \emptyset\}$$

問題 5.6 A の閉包 $\bar{A}$ は閉集合であることを示せ.

解

$x \in (\bar{A})^c$ とすると, $x \in \bar{A}$ でないから, $\exists U : x$ の近傍, $U \cap A = \emptyset$. 近傍の定義から $\exists V$: 開集合, $x \in V \subset U$. ここで, $y \in V$ とすると, $V \cap A = \emptyset$ より, $y \notin \bar{A}$. すなわち, $V \subset (\bar{A})^c$ が成り立つ. したがって, x は $(\bar{A})^c$ の内点であり, $(\bar{A})^c$ は開集合である. よって, $\bar{A}$ は閉集合である. □

問題 5.7 第 1 可算公理を満たす位相空間 X においては, 点列による閉包の定義と近傍を用いた閉包の定義は一致する. つまり $A \subset X$ のとき,

$$\overline{A} = \{x \mid \exists x_i \in A, i \in \mathbb{N} :\ x_i \to x\}$$

$$\hat{A} = \{x \mid \forall U : x \text{ の近傍, } U \cap A \neq \emptyset\}$$

としたとき, $\overline{A} = \hat{A}$ が成り立つ. このことを証明せよ.

考え方

距離空間での議論と本質的に同じ.「開球」を「近傍」に置き換える. $\overline{A} \subset \hat{A}$ と $\hat{A} \subset \overline{A}$ を示す. $\overline{A} \subset \hat{A}$ を示すには, $x \in \overline{A}$ とすれば, x にいくらでも近い $x_i \in A$ がある. これより, どんな小さな x の近傍 U に対しても $x_i \in U \cap A$ がある. $\hat{A} \subset \overline{A}$ を示すには, $x \in \hat{A}$ のとき, $\exists x_i, i \in \mathbb{N} : x_i \to x$ を示せばよい. 第 1 可算公理を満たすことから, 各点ごとに可算個からなる基本近傍系がとれる. 可算の番号順にだんだん小さくなるように基本近傍系をとり直しておくことで, 点列と基本近傍系を関係づけられる.

解

$\overline{A} \subset \hat{A}$ を示す.

$x \in \overline{A}$ とすると, $\exists x_i \in A :\ x_i \to x$. U を x の近傍とすれば $x_i \to x$ より, $\exists N :\ i \geq N \Rightarrow x_i \in U$. $x_N \in U \cap A$ より $U \cap A \neq \emptyset$. すなわち, $x \in \hat{A}$ となり, $\overline{A} \subset \hat{A}$ がいえた.

$\hat{A} \subset \overline{A}$ を示す．

$x \in \hat{A}$ とする．X は第1可算公理を満たすので x の可算個からなる基本近傍系 $\mathcal{U}(x) = \{U_i \mid i \in \mathbb{N}\}$ がとれる．このとき，$\hat{U}_i = U_1 \cap U_2 \cap \cdots \cap U_i$ とおけば，$\hat{U}_i \subset U_i$ より $\{\hat{U}_i \mid i \in \mathbb{N}\}$ も x の基本近傍系となり，かつ，$\hat{U}_i \supset \hat{U}_{i+1}$ が成り立つ．$x \in \hat{A}$ で $\hat{U}_i$ は x の近傍だから $\hat{U}_i \cap A \neq \emptyset$. そこで，各 $i = 1, 2, 3, \cdots$ に対して $x_i \in \hat{U}_i \cap A$ をとり点列 x_i をつくる．x の任意の近傍 V をとると基本近傍系の性質から $\exists \hat{U}_N : \hat{U}_N \subset V$. $i \geq N$ とすれば $x_i \in \hat{U}_i \subset \hat{U}_N \subset V$. となり $x_i \in A$ は x に収束する．よって $x \in \overline{A}$ となり，$\hat{A} \subset \overline{A}$ がいえた．

以上より $\overline{A} = \hat{A}$ が示された．　□

コメント

$U_i \supset U_{i+1}$ となっていないと，上の証明の下から3行目の部分がうまくいえないので，基本近傍系を作り直す必要が出てきている．

注意

以下では，第1可算公理を満たす空間のみを扱うこととし，常に $\overline{A} = \hat{A}$ が成り立つとして議論を進める．記号は，$\overline{A}$ を用いる．

問題 5.8　位相空間 X において $A \subset X$ が閉集合であるための必要十分条件は $A = \overline{A}$ であることを示せ．

考え方

「A : 閉集合 $\Longrightarrow A = \overline{A}$」の対偶を示す．

「$A = \overline{A} \Longrightarrow A$: 閉集合」は，問題 5.6 より $\overline{A}$ は閉集合だから当たり前．

解

「A : 閉集合 $\Longrightarrow A = \overline{A}$」の対偶を示す．

$A \neq \overline{A}$ とすると，$\exists x : x \in \overline{A} - A$. このとき，$A$: 閉集合とすると，$x \in A^c$ だから，A^c は x の近傍である．$A^c \cap A = \emptyset$ なので $x \notin \overline{A}$ となり x のとり方に反する．結局，$A = \overline{A}$ である．

「$A = \overline{A} \Longrightarrow A$: 閉集合」を示す．問題 5.6 より $\overline{A}$ が閉集合であることから $A = \overline{A}$ も閉集合である． □

問題 5.9　X, Y を位相空間とする．次の条件は，写像 $f : X \to Y$ が連続であるための必要十分条件であることを示せ．

$F \subset Y$ が閉集合ならば，　その逆像 $f^{-1}(F)$ は常に閉集合である．

考え方

閉集合は開集合の補集合．逆像と補集合の関係を使えばよい．

解

f を連続とすると，任意の開集合 U に対して，その逆像 $f^{-1}(U)$ が開集合であった．任意の閉集合 $F \subset Y$ に対して F^c は開集合だから，$f^{-1}(F^c)$ も開集合である．一般に $f^{-1}(B^c) = (f^{-1}(B))^c$ が成り立つから，$(f^{-1}(F))^c = f^{-1}(F^c)$ も開集合であり，$f^{-1}(F)$ は閉集合である．この議論は，逆にたどることもできるので求めることが得られる． □

注意

念のため，$f^{-1}(B^c) = (f^{-1}(B))^c$ を確かめておこう．$x \in f^{-1}(B^c) \Longleftrightarrow f(x) \in B^c \Longleftrightarrow f(x) \notin B \Longleftrightarrow x \notin f^{-1}(B) \Longleftrightarrow x \in (f^{-1}(B))^c$.

問題 5.10　次の条件は，写像 $f : X \to Y$ が連続であるための必要十分条件であることを示せ．

任意の $A \subset X$ に対して，$f(\overline{A}) \subset \overline{f(A)}$ である．

考え方

連続性の近傍による表現，閉集合による表現を用いる．

解

$\Longrightarrow$）$y \in f(\overline{A})$ とすると，$\exists x \in \overline{A} : y = f(x)$. U を $f(x)$ の近傍とすると，f の連続性より $f^{-1}(U)$ は x の近傍である．$x \in \overline{A}$ だから，$f^{-1}(U) \cap A \neq \emptyset$. また，$f(f^{-1}(U) \cap A) \subset f(f^{-1}(U)) \cap f(A) \subset U \cap f(A)$ より，$U \cap f(A) \neq \emptyset$. すなわち，$f(x) \in \overline{f(A)}$ がいえた．これは，$f(\overline{A}) \subset \overline{f(A)}$ を意味する．

$\Longleftarrow$）$F \subset Y$ を閉集合とする．仮定より，$f(\overline{f^{-1}(F)}) \subset \overline{f(f^{-1}(F))} \subset \overline{F} = F$. すなわち，$\overline{f^{-1}(F)} \subset f^{-1}(F)$. つねに，$f^{-1}(F) \subset \overline{f^{-1}(F)}$ は成り立つから，$\overline{f^{-1}(F)} = f^{-1}(F)$ となり，$f^{-1}(F)$ は閉集合である．これは，f が連続を意味する．□

定義 5.10（ハウスドルフ空間）　位相空間 X が次の条件を満たすとき，X をハウスドルフ空間という．

(H) $\forall x, y \in X : x \neq y, \exists U, V$: それぞれ x, y を含む開集合, $U \cap V = \emptyset$.

この条件をハウスドルフの分離公理という（図 5.1）．

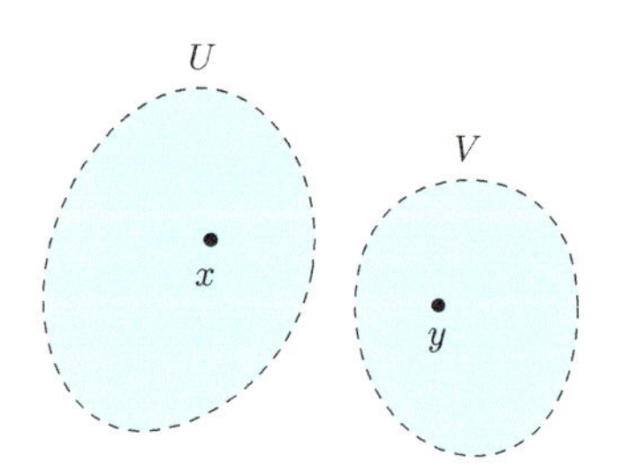

図 5.1　ハウスドルフの分離公理

注意

つまりハウスドルフ空間とは異なる 2 点を分離する開集合が必ず存在する空間のことである.

問題 5.11 距離空間 (X,d) はハウスドルフ空間であることを示せ.

考え方

2 点間の距離の半分（以下）の距離を半径とする開球を描くと 2 つの球は交わらない.

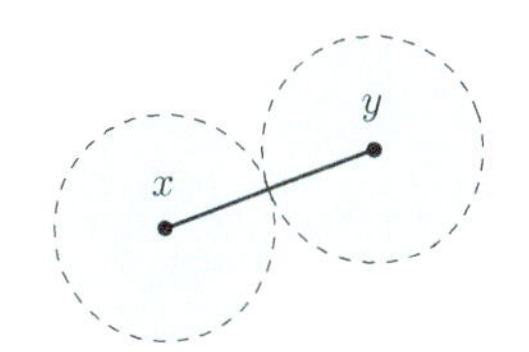

図 **5.2** $B_\delta(x) \cap B_\delta(y) = \emptyset$

解

$x, y \in X, x \neq y$ とすると $d(x,y) > 0$ である. $\delta = \dfrac{d(x,y)}{2}$ とおくと $B_\delta(x)$, $B_\delta(y)$ はそれぞれ x, y を含む開集合である. $z \in B_\delta(x) \cap B_\delta(y)$ と仮定すると $d(x,y) \leq d(x,z) + d(z,y) < \delta + \delta = d(x,y)$ となり矛盾. したがって $B_\delta(x) \cap B_\delta(y) = \emptyset$. □

5.2 コンパクト性

定義 5.11（開被覆） X を位相空間, $A \subset X$ とする. 開集合の集まり $\{U_\alpha \mid \alpha \in \Lambda\}$ が A の**開被覆**であるとは $A \subset \bigcup_{\alpha \in \Lambda} U_\alpha$ が成り立つことである.

定義 5.12（コンパクト性）　$A \subset X$ がコンパクトであるとは，A の任意の開被覆 $\{U_\alpha \mid \alpha \in \Lambda\}$ に対して，有限個からなる部分被覆 $U_{\alpha_1}, \cdots, U_{\alpha_n}$，すなわち，$A \subset U_{\alpha_1} \cup U_{\alpha_2} \cup \cdots \cup U_{\alpha_n}$, $\alpha_i \in \Lambda$ が必ず存在することである．

問題 5.12　コンパクト集合 B の中の閉集合 $A \subset B$ はコンパクトであることを示せ．

考え方

閉集合の補集合は開集合である．考える A の開被覆に開集合 A^c を加えて，B の開被覆をつくる．そして，B のコンパクト性を用いる．

解

X を位相空間とし，$A \subset B \subset X$, B : コンパクト，A : 閉集合とする．$\{U_\alpha \mid \alpha \in \Lambda\}$ を A の任意の開被覆とする．$\{U_\alpha \mid \alpha \in \Lambda\} \cup \{A^c\}$ を考えると，これは B の開被覆になる．なぜなら A^c は A : 閉集合より開集合．$x \in B$ とすると $x \in A$ または $x \in B - A$．$x \in A$ なら x はある U_α に含まれるし，$x \in B - A$ なら x は A^c に含まれる．よって $B \subset \left(\bigcup_{\alpha \in \Lambda} U_\alpha\right) \cup A^c$．$B$ はコンパクトだから

$$\exists \alpha_1, \cdots, \alpha_k \in \Lambda : B \subset U_{\alpha_1} \cup U_{\alpha_2} \cup \cdots \cup U_{\alpha_k} \cup A^c.$$

最後の A^c は不要かもしれないが，その場合でも A^c をさらに加えているのだから $\subset$ は当然成り立つ．$A \subset B$ かつ $A \cap A^c = \emptyset$ だから $A \subset U_{\alpha_1} \cup U_{\alpha_2} \cup \cdots \cup U_{\alpha_k}$ が成り立ち，A は $\{U_\alpha \mid \alpha \in \Lambda\}$ の中の有限個で覆えた．よって A はコンパクト．

□

問題 5.13　ハウスドルフ空間の中のコンパクト集合は閉集合であることを示せ．

考え方

「A : 閉集合 $\Longleftrightarrow A^c$: 開集合 $\Longleftrightarrow \forall x \in A^c, \exists U : x$ の近傍, $U \subset A^c$」を導けばよい.

$x \in A^c$ と $y \in A$ をとる. X : ハウスドルフ空間, $x \neq y$ より x を含む開集合 U_y と y を含む開集合 V_y が存在して, $U_y \cap V_y = \emptyset$ となる (x でなく y を動かすので, x を含む開集合も y によって決まる. 記号のつけ方に注意). A の開被覆として $\{V_y \mid y \in A\}$ をとると, A : コンパクトより, $\exists y_1, \cdots, y_k$: $A \subset V_{y_1} \cup \cdots \cup V_{y_k}$. $U = U_{y_1} \cap \cdots \cap U_{y_k}$ とする. 各 U_{y_i} は開集合なので U も開集合で $U \cap A = \emptyset$ も成り立つ.

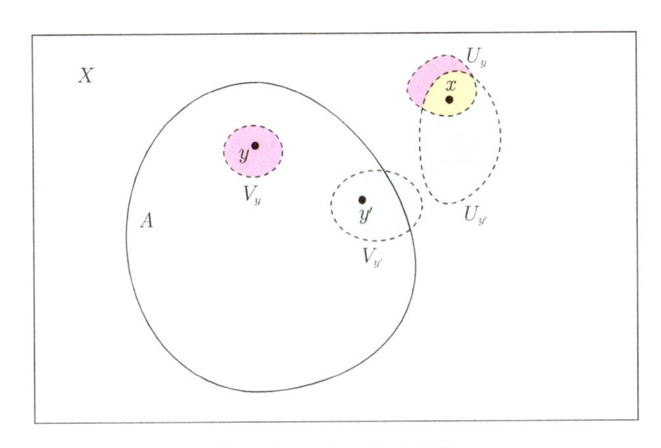

図 5.3 コンパクトは閉

解

X : ハウスドルフ空間, $A \subset X$: コンパクトとする. A^c が開集合であることを示す.

$x \in A^c$ を固定して $y \in A$ とする. X : ハウスドルフ空間より $\exists U_y, \exists V_y$: それぞれ, x, y を含む開集合, $U_y \cap V_y = \emptyset$. $\{V_y \mid y \in A\}$ は A の開被覆だから, A : コンパクトより, $\exists y_1, y_2, \cdots, y_k \in A$: $A \subset V_{y_1} \cup V_{y_2} \cup \cdots \cup V_{y_k}$. $U = U_{y_1} \cap U_{y_2} \cap \cdots \cap U_{y_k}$ とすれば U は x を含む開集合.

$$\begin{aligned} U\cap A &\subset U\cap (V_{y_1}\cup V_{y_2}\cup\cdots\cup V_{y_k}) \\ &= (U\cap V_{y_1})\cup(U\cap V_{y_2})\cup\cdots\cup(U\cap V_{y_k}) \\ &\subset (U_{y_1}\cap V_{y_1})\cup(U_{y_2}\cap V_{y_2})\cup\cdots\cup(U_{y_k}\cap V_{y_k})=\emptyset. \end{aligned}$$

すなわち，$U\subset A^c$. これは任意の $x\in A^c$ について成り立つので A^c は開集合となり A は閉集合.　□

問題 5.14　X : 位相空間，$A, B\subset X$ がともにコンパクトならば，$A\cup B$ もコンパクトであることを示せ.

考え方

$A\cup B$ の開被覆は，A の開被覆とも B の開被覆とも思える．それぞれ，有限個でカバーすれば，それらを合わせて $A\cup B$ の開被覆が得られる.

解

$\mathcal{U}=\{U_\alpha\mid\alpha\in\Lambda\}$ を $A\cup B$ の任意の開被覆とする．$\mathcal{U}$ は A, B それぞれの開被覆でもある．A はコンパクトだから，$\exists\alpha_1,\cdots,\alpha_k\in\Lambda : A\subset\bigcup_{i=1}^{k}U_{\alpha_i}$. B もコンパクトだから，$\exists\alpha'_1,\cdots,\alpha'_l\in\Lambda : B\subset\bigcup_{i=1}^{l}U_{\alpha'_i}$. したがって，$A\cup B\subset(\bigcup_{i=1}^{k}U_{\alpha_i})\cup(\bigcup_{i=1}^{l}U_{\alpha'_i})$ となり，$A\cup B$ は有限個の $\mathcal{U}$ の要素で覆われたので，$A\cup B$ もコンパクト.　□

問題 5.15　X : ハウスドルフ空間，$A, B\subset X$ がともにコンパクトならば $A\cap B$ もコンパクトであることを示せ.

考え方

前問までの「コンパクト集合の中の閉集合はコンパクト」と「ハウスドルフ空間の中のコンパクト集合は閉集合」を使って，コンパクトを閉集合に置き換えればよい.

解

X : ハウスドルフ空間，A, B : コンパクトだから問題 5.13 より A, B は閉集合．よって $A \cap B$ も閉集合．$A \cap B \subset A$，A : コンパクトだから問題 5.12 より $A \cap B$ もコンパクト． □

問題 5.16　閉区間 $[a, b]$ はコンパクトであることを示せ．

考え方

対偶を示す．コンパクト性という性質が「任意の開被覆について…」という性質であるからである．任意の開被覆について直接何かをいうよりも，対偶を考えて，1 つの特別な開被覆の存在を仮定して矛盾を出すほうがやりやすい．

解

$[a, b]$ がコンパクトでないと仮定すると，$[a, b]$ のある開被覆 $\{U_\alpha \mid \alpha \in \Lambda\}$ が存在して，その有限個では $[a, b]$ を覆えない．このとき $\left[a, \dfrac{a+b}{2}\right]$ と $\left[\dfrac{a+b}{2}, b\right]$ の少なくとも一方は有限個の U_α では覆えない．$\left[a, \dfrac{a+b}{2}\right]$，$\left[\dfrac{a+b}{2}, b\right]$ のうち有限個の U_α で覆えない方を $[a_1, b_1]$ と書く．

この $[a_1, b_1]$ に対しても同様に考え，$\left[a_1, \dfrac{a_1+b_1}{2}\right]$，$\left[\dfrac{a_1+b_1}{2}, b_1\right]$ の少なくとも一方は有限個の U_α では覆えない．そこで U_α の有限個では覆えない方を $[a_2, b_2]$ と書く．

この議論をくり返すと縮小する閉区間の列 $A_i = [a_i, b_i]$ が得られる．区間縮小法から $\exists \gamma \in \bigcap_{i \in \mathbb{N}} A_i$．$\gamma \in [a, b]$ で $\{U_\alpha \mid \alpha \in \Lambda\}$ は $[a, b]$ の開被覆だから，$\exists U_{\alpha_0} : \gamma \in U_{\alpha_0}$．$U_{\alpha_0}$ は開集合だから，$\exists \delta > 0 : B_\delta(\gamma) \subset U_{\alpha_0}$．一方区間 A_i の長さは $\dfrac{1}{2^i}(b-a)$ だから十分大きな N をとってくれば $b_N - a_N = \dfrac{1}{2^N}(b-a) < \delta$ となる．$\gamma \in \bigcap_{i \in \mathbb{N}} A_i$ だから $\gamma \in A_N$ で $A_N \subset B_\delta(\gamma) \subset U_{\alpha_0}$ となり，閉区間 A_N が $\{U_\alpha \mid \alpha \in \Lambda\}$ の中の有限個で覆えないことに反する． □

注意

この問題では「実数の連続性」が本質的である．区間縮小法をうまく用いることによって，閉区間がコンパクトであることが示された．

類題 5.16-1　閉直方体 $[a_1, b_1] \times \cdots \times [a_n, b_n]$ はコンパクトであることを示せ．

ヒント

閉直方体 $A(= A^0)$ の開被覆 $\mathcal{U}$ で，その有限個の要素ではその直方体を覆えないものがあったと仮定する．閉直方体を各座標ごとに半分に分けて 2^n 個の小直方体 $A_1, A_2, \cdots, A_{2^n}$ にする．その中に，必ず有限個の $\mathcal{U}$ の要素では覆えないものがあるはずだから，それを A^1 とする．そして，この操作をずっと繰り返して，直方体の列 $A^1, A^2, \cdots, A^k, \cdots$ を得る．一方，A^k の各辺の長さは，操作のたびに，半分になるから，A^k の大きさはいくらでも小さくなる．そうすると前と同様の議論で，十分大きな N に対しては1個の $\mathcal{U}$ の要素で A^N を覆えてしまうことになる．

問題 5.17　X, Y : 位相空間, $f : X \to Y$: 連続写像, $A \subset X$ がコンパクトならば $f(A)$ もコンパクトであることを示せ．

考え方

$f(A)$ がコンパクトであることをいいたいので $f(A)$ の開被覆をとってくる．A のコンパクト性を使いたいので逆像を考える．あとは，f の連続性を用いて f の定義域と着域の議論をつなげばよい．

解

$\{U_\alpha \mid \alpha \in \Lambda\}$ を $f(A)$ の任意の開被覆とする． f : 連続だから， $f^{-1}(U_\alpha)$ も開集合． $x \in A$ とすれば $f(x) \in f(A) \subset \bigcup_{\alpha \in \Lambda} U_\alpha$ より $\exists U_{\alpha_0} : f(x) \in U_{\alpha_0}$. したがって $x \in f^{-1}(U_{\alpha_0})$ となり， $\{f^{-1}(U_\alpha) \mid \alpha \in \Lambda\}$ は A の開被覆である． A はコンパクトだから $\exists \alpha_1, \cdots, \alpha_n \in \Lambda : A \subset f^{-1}(U_{\alpha_1}) \cup \cdots \cup f^{-1}(U_{\alpha_n})$. したがって，

$$
\begin{aligned}
f(A) &\subset f(f^{-1}(U_{\alpha_1}) \cup f^{-1}(U_{\alpha_2}) \cup \cdots \cup f^{-1}(U_{\alpha_n})) \\
&= f(f^{-1}(U_{\alpha_1})) \cup f(f^{-1}(U_{\alpha_2})) \cup \cdots \cup f(f^{-1}(U_{\alpha_n})) \\
&\subset U_{\alpha_1} \cup U_{\alpha_2} \cup \cdots \cup U_{\alpha_n}.
\end{aligned}
$$

よって $f(A)$ は $\{U_\alpha \mid \alpha \in \Lambda\}$ の有限個で覆われる． □

問題 5.18 （最大値定理） $f : X \to \mathbb{R}$: 連続写像, $A \subset X$ がコンパクトのとき， f は A 上で最大値をとることを示せ．

考え方

f が A 上で最大値をとるとは， $f(A)$ に最大値があることである．最大値がないとして， A のコンパクト性に反することをいえばよい．

解

最大値が存在しないと仮定すると，どの $f(a)$ よりも大きい $f(a')$ があるから， $\forall a \in A, \exists a' \in A : f(a) < f(a')$ が成り立つ．このとき， $\{(-\infty, f(a)) \mid a \in A\}$ は $f(A)$ の開被覆になる．なぜなら $b \in f(A)$ とすると， $\exists a \in A : b = f(a)$. この a に対して $\exists a' \in A : f(a) < f(a')$. したがって $f(a) \in (-\infty, f(a'))$. 結局 $f(A) \subset \bigcup_{a \in A} (-\infty, f(a))$. 仮定より $f(A)$ がコンパクトだから， $\exists a_1, \cdots, a_k \in A$: $f(A) \subset (-\infty, f(a_1)) \cup \cdots \cup (-\infty, f(a_k))$. $f(a_j) = \max\{f(a_1), \cdots, f(a_k)\}$ とすれば，任意の $1 \leq i \leq k$ に対して $f(a_j) \notin (-\infty, f(a_i))$. 一方 $a_j \in A$ だから $f(a_j) \in f(A)$ となり，これは矛盾． □

コメント

次の問題 5.19 を認めるとさらに容易にこの問題の証明を与えることができる.

別解　（問題 5.18）

$A \subset X$ はコンパクトなので問題 5.17 より $f(A)$ はコンパクト. さらに問題 5.19 より $f(A)$ は有界閉集合. 有界より $M = \sup f(A)$ が存在し, 閉集合より $M \in f(A)$. よって M は $f(A)$ の最大値である. □

コメント

$M = \sup f(A)$ が存在して $f(A)$ が閉集合 ならば $M \in f(A)$ はなぜか. sup の定義より, $\exists y_n \in f(A) : y_n \geq M - \dfrac{1}{n}$, $n \in \mathbb{N}$ となる. $y_n \leq M$ より, $y_n \to M$ だから $M \in \overline{f(A)}$. $f(A)$ は閉集合だから $\overline{f(A)} = f(A)$ であり, $M \in f(A)$ となる.

類題 5.18-1　問題 5.18 と同じ A, f について f は A 上で最小値をとることを示せ.

問題 5.19　$A \subset \mathbb{R}^n$ が有界閉集合であることと A がコンパクトであることは必要十分であることを示せ.

考え方

$A \subset \mathbb{R}^n$: 有界 $\Longleftrightarrow \exists a_1, \cdots, a_n, b_1, \cdots, b_n \in \mathbb{R} : A \subset [a_1, b_1] \times \cdots \times [a_n, b_n]$ であり, 閉直方体はコンパクトであるから, A が閉集合ならば A もコンパクトである. あとは「有界でないならコンパクトでないこと」と「閉集合でないならコンパクトでない」ことを示せばよい.

解

「$A \subset \mathbb{R}^n$: 有界閉集合 $\Longrightarrow A$: コンパクト」を示す.

A : 有界より，ある閉直方体 $[a_1, b_1] \times \cdots \times [a_n, b_n]$ が存在して $A \subset [a_1, b_1] \times \cdots \times [a_n, b_n]$. 類題 5.16-1 より閉直方体はコンパクトであり，また A は閉集合だから問題 5.12 より A はコンパクトである.

「A : コンパクト $\Longrightarrow A \subset \mathbb{R}^n$: 有界閉集合」の対偶を示す.

「$A \subset \mathbb{R}^n$: 有界でないなら A はコンパクトでない」を示す.

$\{B_n(0) \mid n \in \mathbb{N}\}$ をとると，これは A の開被覆になる．なぜなら $a \in \mathbb{R}^n$ に対して，十分大きな N をとってくれば $d(0, a) < N$ となり，$a \in B_N(0)$ となる．よって $A \subset \mathbb{R}^n \subset \bigcup_{n \in \mathbb{N}} B_n(0)$ となる．しかし A は有界でないのでどんなに大きな M をとってきても $d(0, a) > M$ なる $a \in A$ が必ず存在する．よって A は有限個の $B_n(0)$ では覆えないのでコンパクトではない.

「$A \subset \mathbb{R}^n$: 閉集合でないなら A はコンパクトでない」を示す.

A は閉集合でないので $\overline{A} \neq A$，つまり $\overline{A} - A \neq \emptyset$. そこで $x \in \overline{A} - A$ とすると $\exists x_i \in A : x_i \to x$. $U_n = \left\{ y \,\middle|\, d(x, y) > \dfrac{1}{n} \right\}$ とすると $\{U_n \mid n \in \mathbb{N}\}$ は $A \subset \mathbb{R}^n - \{x\}$ の開被覆になる．なぜなら $a \in \mathbb{R}^n - \{x\}$ とすると十分大きな N をとってくれば $d(a, x) > \dfrac{1}{N}$ となり，$a \in \left\{ y \,\middle|\, d(x, y) > \dfrac{1}{N} \right\} = U_N$ とできる．よって $A \subset \mathbb{R}^n - \{x\} \subset \bigcup_{n \in \mathbb{N}} U_n$ となり $\{U_n \mid n \in \mathbb{N}\}$ は A の開被覆である．一方，$d(x_i, x) \to 0, (i \to \infty)$ よりどんなに大きな M をとってきても $d(x, x_i) < \dfrac{1}{M}$ なる $x_i \in A$ が必ず存在する．よって A は U_n の有限個では覆うことができないので A はコンパクトでない. □

コメント

これで $\mathbb{R}^n$ の中ではコンパクトという性質をよりわかりやすい「有界かつ閉集合」とおきかえることができた．これによって，問題 4.10 とあわせて，$\mathbb{R}^n$ の中ではコンパクトと点列コンパクトが同値な条件となる.

索　引

数字・欧文・記号

あ行

か行

さ行

た行

な行

は行

ま行

や行

ら行

わ行

監修者紹介

一樂(いちらく) 重雄(しげお)　理学博士

1968 年　東京大学理学部数学科卒業
1970 年　東京大学大学院理学系研究科数学専攻修士課程修了
現　在　横浜市立大学名誉教授

NDC410　174p　21cm

新版(しんぱん) 集合(しゅうごう)と位相(いそう) そのまま使(つか)える答(こた)えの書(か)き方(かた)

2016 年 5 月 23 日　第 1 刷発行
2024 年 9 月 20 日　第 6 刷発行

監修者　一樂重雄(いちらくしげお)
発行者　森田浩章
発行所　株式会社　講談社
〒 112-8001　東京都文京区音羽 2-12-21
販売　(03)5395-4415
業務　(03)5395-3615

KODANSHA

編　集　株式会社　講談社サイエンティフィク
代表　堀越俊一
〒 162-0825　東京都新宿区神楽坂 2-14　ノービィビル
編集　(03)3235-3701
本文データ制作　藤原印刷株式会社
印刷・製本　株式会社　ＫＰＳプロダクツ

ISBN 978-4-06-156557-9